科學少年學習誌　　　　　　　　　　編／科學少年編輯部

科學閱讀素養
生物篇 5

遠流

科學閱讀素養 生物篇 5　目錄

課程連結表

文章主題	文章特色	搭配108課綱（第四學習階段 —— 國中）	
		學習主題	**學習內容**
硬漢奶爸 ——海馬	說明了海馬的形態特徵、生態習性及育幼行為。	演化與延續（G）：生物多樣性（Gc）	Gc-IV-2地球上有形形色色的生物，在生態系中擔任不同的角色。
		生物與環境（L）：生物與環境的交互作用（Lb）	Lb-IV-2人類活動會改變環境，也可能影響其他生物的生存。 Lb-IV-3人類可採取行動來維持生物的生存環境，使生物能在自然環境中生長、繁殖、交互作用，以維持生態平衡。
		能量的形式、轉換及流動（B）：生態系中能量的流動與轉換（Bd）	Bd-IV-1生態系中的能量來源是太陽，能量會經由食物鏈在不同生物間流轉。 Bd-IV-2在生態系中，碳元素會出現在不同的物質中（例如：二氧化碳、葡萄糖），在生物與無生物間循環使用。
減碳高手 ——紅樹林	介紹紅樹林獨特的生態系統與紅樹的特徵，以及紅樹林為何有助於減碳。	生物與環境（L）：生物與環境的交互作用（Lb）	Lb-IV-2人類活動會改變環境，也可能影響其他生物的生存。 Lb-IV-3人類可採取行動來維持生物的生存環境，使生物能在自然環境中生長、繁殖、交互作用，以維持生態平衡。
		科學、科技、社會及人文（M）：科學、技術及社會的互動關係（Ma）	Ma-IV-2保育工作不是只有科學家能夠處理，所有的公民都有權利及義務，共同研究、監控及維護生物多樣性。
		資源與永續發展（N）：氣候變遷之影響與調適（Nb）	Nb-IV-1全球暖化對生物的影響。
超乎想像的 食物浪費	介紹浪費食物背後的隱形成本，詳盡說明各種浪費食物的代價。	能量的形式、轉換及流動（B）：生態系中能量的流動與轉換（Bd）	Bd-IV-2在生態系中，碳元素會出現在不同的物質中（例如：二氧化碳、葡萄糖），在生物與無生物間循環使用。
		科學、科技、社會及人文（M）：科學、技術及社會的互動關係（Ma）	Ma-IV-1生命科學的進步，有助於解決社會中發生的農業、食品、能源、醫藥，以及環境相關的問題。
這些味道植物聞得到	介紹了植物如何「聞到」氣味，以及這件事對植物的生存意義。	交互作用（INe）*	INe-Ⅲ-13生態系中生物與生物彼此間的交互作用，有寄生、共生和競爭的關係。
		生物體的構造與功能（D）：生物體內的恆定性與調節（Dc）	Dc-IV-5生物體能覺察外界環境變化、採取適當的反應以使體內環境維持恆定，這些現象能以觀察或改變自變項的方式來探討。
遺臭萬年 ——糞化石	說明糞化石的形成和礦物成分，以及如何透過糞化石來推敲古生物的食性。	演化與延續（G）：演化（Gb）	Gb-IV-1從地層中發現的化石，可以知道地球上曾經存在許多的生物，但有些生物已經消失了，例如：三葉蟲、恐龍等。
		地球的歷史（H）：地層與化石（Hb）	Hb-IV-1研究岩層岩性與化石可幫助了解地球的歷史。
一刀入魂的 隱武者—— 螳螂	介紹螳螂的身體構造如何使牠成為昆蟲中最勇猛的捕食者，也說明螳螂特別的交配行為，讓我們了解牠的一生。	生物體的構造與功能（D）：生物體內的恆定性與調節（Dc）	Dc-IV-5生物體能察覺外界環境變化、採取適當的反應以使體內環境維持恆定，這些現象能以觀察或改變自變項的方式來探討。
		演化與延續（G）：生殖與遺傳（Ga）；生物多樣性（Gc）	Ga-IV-1生物的生殖可分為有性生殖和無性生殖，有性生殖產生的子代其性狀和親代差異較大。 Gc-IV-1依據生物形態與構造的特徵，可以將生物分類。
		生物與環境（L）：生物與環境的交互作用（Lb）	Lb-IV-1生態系中的非生物因子會影響生物的分布與生存，環境調查時常需檢測非生物因子的變化。
死亡的 科學	介紹重要生理現象如何運作，說明這些生理現象一旦無法正常運作，會如何影響人體導致死亡。	生物體的構造與功能（D）：動植物體的構造與功能（Db）；生物體內的恆定性與調節（Dc）	Db-IV-2動物體(以人體為例)的循環系統能將體內的物質運輸至各細胞處，並進行物質交換。並經由心跳、心因及脈搏的探測，以了解循環系統的運作情形。 Db-IV-3動物體(以人體為例)藉由呼吸系統與外界交換氣體。 Dc-IV-1人體的神經系統能察覺環境的變動並產生反應。 Dc-IV-4人體會藉由各系統的協調，使體內所含的物質以及各種狀態維持在一定範圍內。
		演化與延續（G）：生物多樣性（Gc）	Gc-IV-3人的體表和體內有許多微生物，有些微生物對人體有利，有些則有害。
器官移植的 美麗與哀愁	說明了器官移植的發展、可能遭遇的問題和相關的道德議題。	生物體的構造與功能（D）：細胞的構造與功能（Da）；動植物體的構造與功能（Db）；生物體內的恆定性與調節（Dc）	Da-IV-3多細胞個體具有細胞、組織、器官、器官系統等組成層次。 Db-IV-2動物體(以人體為例)的循環系統能將體內的物質運輸至各細胞處，並進行物質交換。並經由心跳、心因及脈搏的探測，以了解循環系統的運作情形。 Dc-IV-1人體的神經系統能察覺環境的變動並產生反應。 Dc-IV-4人體會藉由各系統的協調，使體內所含的物質以及各種狀態維持在一定範圍內。
		科學、科技、社會及人文（M）：科學發展的歷史（Mb）	Mb-IV-2科學史上重要發現的過程，以及不同性別、背景、族群者的貢獻。

*為國小課綱

科學 ╳ 閱讀 二

閱讀是人類學習的重要途徑，自古至今，人類一直透過閱讀來擴展經驗、解決問題。到了 21 世紀這個知識經濟時代，掌握最新資訊的人就具有競爭的優勢，閱讀更成了獲取資訊最方便而有效的途徑。從報紙、雜誌、各式各樣的書籍，人只要睜開眼，閱讀這件事就充斥在日常生活裡，再加上網路科技的發達便利了資訊的產生與流通，使得閱讀更是隨時隨地都在發生著。我們該如何利用閱讀，來提升學習效率與有效學習，以達成獲取知識的目的呢？如今，增進國民閱讀素養已成為當今各國教育的重要課題，世界各國都把「提升國民閱讀能力」設定為國家發展重大目標。

另一方面，科學教育的目的在培養學生解決問題的能力，並強調探索與合作學習。近年，科學教育更走出學校，普及於一般社會大眾的終身學習標的，期望能提升國民普遍的科學素養。雖然有關科學素養的定義和內容至今仍有些許爭議，尤其是在多元文化的思維興起之後更加明顯，然而，全民科學素養的培育從 80 年代以來，已成為我國科學教育改革的主要目標，也是世界各國科學教育的發展趨勢。閱讀本身就是科學學習的夥伴，透過「科學閱讀」培養科學素養與閱讀素養，儼然已是科學教育的王道。

對自然科老師與學生而言，「科學閱讀」的最佳實踐無非選擇有趣的課外科學書籍，或是選擇有助於目前學習階段的學習文本，結合現階段的學習內容，在教師的輔導下以科學思維進行閱讀，可以讓學習科學變得有趣又不費力。

素養＋樂趣！

撰文／陳宗慶

我閱讀了《科學少年》後，發現它是一本相當吸引人的科普雜誌，更是一本很適合培養科學素養的閱讀素材，每一期的內容都包括了許多生活化的議題，涵蓋了物理、化學、天文、地質、醫學常識、海洋、生物……等各領域有趣的內容，不但圖文並茂，更常以漫畫方式呈現科學議題或科學史，讓讀者發覺科學其實沒有想像中的難，加上內文長短非常適合閱讀，每一篇的內容都能帶著讀者探究科學問題。如今又見《科學少年》精選篇章集結成有趣的《科學閱讀素養》，其內容的選編與呈現方式，頗適合做為教師在推動科學閱讀時的素材，學生也可以自行選閱喜歡的篇章，後面附上的學習單，除了可以檢視閱讀成果外，也把內文與現行國中教材做了連結，除了與現階段的學習內容輕鬆的結合外，也提供了延伸思考的腦力激盪問題，更有助於科學素養及閱讀素養的提升。

老師更可以利用這本書，透過課堂引導，以循序漸進的方式帶領學生進入知識殿堂，讓學生了解生活中處處是科學，科學也並非想像中的深不可測，更領略閱讀中的樂趣，進而終身樂於閱讀，這才是閱讀與教育的真諦。 ㊣

作者簡介

陳宗慶　國立高雄師範大學物理博士，高雄市五福國中校長，教育部中央輔導團自然與生活科技領域常務委員，高雄市國教輔導團自然與生活科技領域召集人。專長理化、地球科學教學及獨立研究、科學展覽指導，熱衷於科學教育的推廣。

撮影⋯Yorko summer

硬漢奶爸

海馬

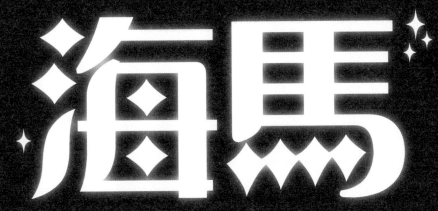

海馬可不是馬，是魚喔！還是在動物界中相當罕見，
能一肩扛起孕育子女責任的偉大魚爸爸。

撰文／翁嘉文

嗨！大家好，我叫小海！每年的父親節，你會怎麼幫平日辛苦工作、晚上回到家翹著二郎腿在一旁滑手機（很傷脊椎啊～老爸！）、或是喜歡釣魚放鬆心情的爸爸慶祝呢？

什麼？！你覺得你家的哺乳類老爸不夠優？沒關係，趕緊邀爸爸一起了解我的模範老爸──海馬，再請他以此為目標，好好努力吧！（爸爸：喂～別太過分啊，臭小子！）

「站」著游泳的魚？！

海馬，顧名思義就是海中的馬。咦？等等，這樣胡亂解釋豈不是太沒常識了嘛！我們的名字可是大有來頭！

事實上，海馬屬於硬骨魚類，不同種之間的體長範圍很廣，介於 2 至 35 公分之間，生活於海中，與其他魚種一樣都是用鰓呼吸，但身上的鱗片已經特化成環狀的堅硬骨板了，再加上我們的鰓、顎和嘴部是一體成形的圓管長柱狀，外觀很像馬匹的頭部；整體看來像是套著鋼盔鎧甲的戰馬一樣，身體各處都受到保護，所以被稱為「海馬」。雖然外觀跟一般魚類的模樣有些差異，但更仔細一點觀察會發現，我們海馬像極了「站」著游泳的魚呢！

海馬的構造與特色

英挺幽雅的紳士

不論男女老幼，大部分的海馬會仰著頭，雄赳赳、氣昂昂的挺起身，尾端或許自然垂下、或許輕輕纏繞在珊瑚枝椏上。與大多硬骨魚類相同，海馬也靠著改變魚鰾的含氧量控制浮力，再搭配魚鰭高頻率的波浪式擺動（其實移動效率不高，因此總是給人慢吞吞的感覺），讓自己能夠以直立姿態，緩慢而優雅的在海中上下前後游動。

除了用鰓呼吸、用魚鰾控制浮力等魚類特

性外，剛剛提及能夠高頻率擺動的魚鰭，也是我們在外型上與一般魚類相同的地方；雖然不像鯊魚大哥的背鰭那樣嚇人、厚實，我們的背鰭也是在前後游動或上下升降時，不可缺乏的利器唷！

至於海馬最大的特色，就屬尾部了，它獨一無二的構造與魚類常見的片狀尾鰭很不一樣，但也可以調控游動方向。這靈活的「尾巴」特化成密集的骨板構造，相當修長有力，可以適時的擺動，讓我們在海中游動前進，也能在我們休息時，用來纏繞珊瑚、抓住水草，當做防止水流衝擊的專屬船錨。

致命吸塵器

櫻桃小嘴是海馬必備的形象，讓我們有如優雅的名模一般。我們向前延伸的吸管狀嘴巴開口很小，嘴巴裡並沒有牙齒，只在前方有精緻的嘴蓋，防止獵物逃脫；因此我們多半是以吸食細小浮游生物的方式來進食。這與鬚鯨類老大哥們大口吞進海水、吃入食物的方式不同；海馬的吸食比較像是人類肺臟吸入氣體的方式，但力道強度與精準性堪稱海中的致命吸塵器，一旦鎖定目標，獵物必死無疑！

我們會選定某個食物充足的區域，好比橈腳類、甲殼類或是魚苗聚集的地方，先將尾端纏繞在附近的珊瑚枝椏或海草上，接著像是把槍口瞄準標靶那樣，將口器瞄準、鎖定

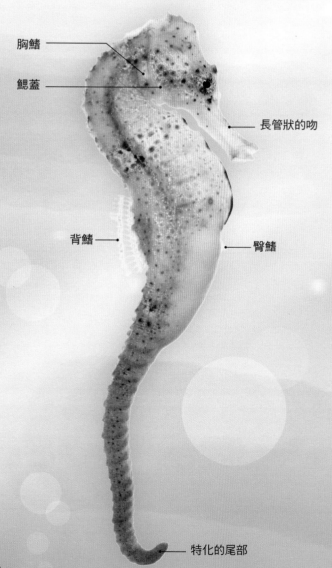

胸鰭

鰓蓋

長管狀的吻

背鰭

臀鰭

特化的尾部

獵物，在盡量不擾動水流的情況下緩緩靠近獵物，接著收縮下顎肌肉、調控舌骨的扭轉程度，讓口腔的體積擴張、造成負壓，然後以迅雷不及掩耳的速度吸進獵物，關上嘴蓋飽餐一頓，成功率高達 95%。

可惜我們沒有胃，消化系統的功能不佳，必須隨時覓食來維持活動力，所以一天吃上好幾餐是常有的事；另外，由於海馬左右兩側的眼睛能各自任意轉動，使用效率極佳，覓食時可以一眼盯著獵物、一眼觀察周遭環境，小心暗地裡伺機而動的狩獵者襲擊，真的是實用又便利！

海中的帝寶豪宅

喜歡居住在溫暖海區的我們，大多在南緯 45 度至北緯 45 度附近的溫帶和熱帶淺水區沿岸生活，這些淺水域的資源豐富，富含營養，有許多動物和植物，十分熱鬧。

由於海馬悠閒的游泳姿態與生存特性，我們多棲息在水流較為穩定、有各種能掩蔽、抓扶的植被，並且食物充足的地方。這些地區往往特別繽紛，有五顏六色的珊瑚和水草、在岩礁間揮舞觸手的海葵，以及各式各樣穿梭其間的大小動物，映著穿透海水的微微亮光，繽紛的樣貌與色彩，比起陸上造景真是有過之而無不及，是人類夢寐以求的朝聖地。很棒吧，可別太羨慕我們呀！

值得一提的是，雖然乍看之下我們分布的地理範圍很廣泛，但由於特殊的生存需求，以及水質、環境、光照等因子的限制，大部分海馬都分布在大西洋西部和印度太平洋沿岸水域。

圖片來源：達志影像；繪圖：林麗娟

叮！叮！叮！

聽見了嗎？這種像是敲擊鐵片的聲音，其實是海馬吃東西時發出的聲音，很奇特吧！不同種類的海馬，聲音頻率與發聲速率也會有點不同呢！

海馬老爸的啤酒肚

大家好，我是海馬老爸！說到交女友、討老婆這種事，小海這個小屁孩哪會懂啊！其實跟各位比起來，找伴侶這種事，我還真稱不上是老手，畢竟我十分忠貞，不像各位可能已經換過一二三四五六七⋯⋯

我們雖然喜愛群居，但是因數量不多，也不是游泳健將，活動範圍並不廣，一生多棲息在海流平穩的固定海域，因此找到合適伴侶的機會較低，當然更加珍惜，謹守一夫一妻制，成為你們口中的模範夫妻。

大肚腩之舞

一般而言，春夏的五月到八月是我們的繁殖季節。雄海馬的腹側前方有兩條縱向皺褶，它們連接在一起，形成一個上方具有開口的袋狀育兒囊。平時像個皺巴巴的小叮噹百寶袋，掛在腹部前方。每當新生時節到

來，男士們就會竭盡所能，將育兒袋灌滿海水，然後封閉開口，讓它看起來又鼓又飽滿，外型就像你老爸的啤酒肚，以此來吸引雌海馬，一起為繁殖後代努力。

但空有大肚腩還不夠，畢竟啤酒肚人人都可以養成，想要擄獲雌海馬的芳心，舞姿的好壞才是提升好感度的重要關鍵。要跳好一首求偶華爾滋，當然有基本步驟，雄海馬身體部分區域（如嘴巴前端）可能會變色，並盡量壓低頭部，使它靠近胸前，讓育兒袋看起來更加結實、緊繃，然後繞在雌海馬周圍打轉，展現自己的英姿。

一旦對方也回敬一曲，露出欣賞之情，雌雄海馬會更進一步，向前輕輕碰觸或啄咬，兩兩緊靠著嬉戲，之後互相勾住尾部，牽牽小手，上下漂浮於水中。此時育兒袋上端的開口會緩緩開起，待時機成熟，雄海馬便會

由下而上，讓雌海馬將輸卵管放入育兒袋開口中，將卵子排入雄海馬的育兒袋內，數秒鐘後兩者分開，育兒袋開口關閉，完成輸卵動作，卵子在育兒袋中形成受精卵。

孕味奶爸的「辛」情

裝載著數百粒受精卵的育兒袋，內部會慢慢形成濃密的血管網層，和每個胚胎血管網密切連接，供應胚胎茁壯發育所需的氧氣與營養，直到每個小生命成功孵化。

隨著海馬種類不同，受精卵在育兒袋裡停留和成長的時間也不同，一般是二至七週，之後雄海馬的育兒袋會愈趨脹大與緊繃，並像人類母親一樣，開始感到產前焦慮、呼吸增快，並出現腹部痙攣，甚至改變體色。

陣痛持續不久後，海馬老爸就會進入分娩階段，先用尾端牢牢的抓住合適地點，然後像是扁型不倒翁一樣，一前一後反覆的伸展和彎曲軀幹，幫助肌肉收縮、開啟育兒袋的開口，接著努力壓縮腹部，將小海馬像噴射水柱一般擠出育兒袋。

我們的產子時間及數量會因種類、海馬本身體型大小或是生理狀況等因素而有不同，一般生產過程約為五到六小時，產量約為數百尾，有些甚至可以生出近千尾的小海馬，實在不容小覷！

分娩過後，雄海馬的感受與人類母親並無不同，真是澈底累癱了！我們會緩緩沉降到海底，側臥著身體稍做休息，待忠心不二的雌海馬貼心又狡詐的靠近、關心我們後，再一次在育兒袋中放入卵子、進行受孕。接著，再一次歷經分娩。

圖片來源：達志影像；繪圖：林麗娟

沒有育兒袋的奶爸 海龍

海馬的同科兄弟——海龍，雖然不像海馬擁有 S 型的優雅身軀、尾端不夠彎曲，腹部也沒有育兒袋；但身體細長的牠具有特化的魚鰭，游泳技巧高超，腹部還有特殊的凹槽，可以將受精卵帶在身邊保護，也是個悉心照顧小寶寶的超級奶爸呢！

為誰辛苦，為誰忙？

常常有人問，為什麼雄海馬要自討苦吃，擔任起奶爸的角色？我們身為父母，為了順利繁衍後代子孫，怎麼會說苦呢（其實真的好辛苦）！

由於我們生活在環境資源豐沛、食物充足的淺水域，每當繁殖季節到來，各式海洋生物也會前來此處交配、繁衍後代，如果是像其他魚類一樣直接將卵產在海洋中受精、等待孵化，絕對會成為免費的飼料供應商。

為了避免這種情況，我們選擇在育兒袋裡讓卵受精，待小海馬成長茁壯後，再將牠們孵化；但在育兒袋的空間限制下，海馬可以放入的卵數比起魚來是大大減少（魚類排卵數可能多達幾千或幾萬粒），因此才演化出絕頂聰明的妙招：由雄海馬負責育兒、生產，雌海馬就能爭取更多時間與體力來生產卵子，等待下一次育兒袋排空，再將新的卵子注入。這種特殊的生育方式，不僅提高生育效率，讓雌性哺乳類動物羨慕，也意外讓我榮獲模範父親的寶座呢！

小小海馬五臟俱全

剛孵化的小海馬體長約介於 1 到 1.2 公分，有些種類的海馬體型甚至更小，雖然體色稍微淡了一點，但外觀上已經與各自的父母相當相似，尾端也有捲曲固定的功能；牠們用來吸食的嘴器更是發育得相當完善，能獨立生活與覓食，不需仰賴父母照顧（讓老

爸老媽盡快拚下一胎）。

雖然如此，由於我們天生的禦敵機制較為被動，體型也較為弱小，只有 1 至 2% 左右能夠順利長大到海馬成體，數量非常稀少，是亟需保護的一群。

海馬心血遭逢危機！

除了自然界的生存挑戰外，我的海馬子孫們還面臨著更大、更艱困的危機，那就是你們——人類。

根據傳統智慧，海馬被視為具有調節呼吸系統、皮膚病、催生、止痛等等功效，是功能性與經濟價值很高的中藥材；有的西方國家則認為我們是海神波賽頓座騎的化身，將我們製作成裝飾藝術品大量販售；更有些人迷上我們的優雅外型，跑到棲地觀賞或甚至將野生海馬納為己有，關在水族箱內，當成寵物飼養。

這些動機引發的後續行為相當可怕，因為只要有市場需求，不肖漁民或商人就會恣意捕撈，有些行為雖然不會觸法；但是頻繁的造訪海馬棲地、過度的不當捕撈，都可能造成海馬族群與數量減少，甚至造成海馬族

圖片來源：達志影像

體內 vs. 體外？
卵生 vs. 卵胎生 vs. 胎生？

海馬是體內還是體外受精？海馬是卵生還是卵胎生？這是一個相當困難的問題，直到今天，科學家都還沒有「正確解答」。

有一派科學家認為，體內受精是指來自同一物種的生殖細胞（動物的卵與精子）在「雌性」體內結合並形成新生個體的過程，而海馬的精卵結合是在「雄」海馬的育兒袋內，很明顯是體外受精，怎麼能算是體內呢？有的則說，育兒袋內充滿海水，跟外界環境一樣，應該算是體外受精。也有科學家發現，海馬育兒袋內有許多雄海馬分泌的物質，與外界環境不同，所以應該是體內受精。還有學者認為，雄海馬在雌海馬將卵子放入育兒袋前，會先透過精管孔將精子排入海水中，待卵子被放入時，精子會迅速游回育兒袋內與卵子結合，形成受精卵，光是精子從外頭再游回育兒袋與卵子結合的過程，就足以說明雄海馬的育兒袋是生物身體的一部分了，「體內」不應受限於雌性，所以屬於體內受精。

關於卵生、卵胎生、胎生的部分更是有趣！有一派科學家堅持海馬是卵生，理由是「因為海馬是魚類」。有的則認為海馬是卵胎生，因為牠的營養是由卵黃供給，但在育兒袋內成長，最後才以縮小版的海馬型態離開。另一派認為海馬是胎生，因為育兒袋可以提供海馬養分與氧氣，很接近哺乳類的胎盤作用，且海馬是生出海馬寶寶，而不是海馬卵。

科學家爭論不休，提出各式各樣分歧的看法，各持己見。你又是怎麼認為的呢？

群及周遭環境、動植物等整體滅絕與消失。嚴重的後果，真的不可不慎。

野生海馬的繁殖率並不高，遷移能力也不強，再加上種群密度與活動範圍小，一旦生存的環境遭受破壞，對海馬族群的傷害將十分巨大。

利用足夠資金、有計畫的將海馬配種、繁殖，固然是一種維持海馬族群數量的方法，對經濟或許一大助益；但大自然才是動物最

終的依歸，別讓臺灣四面環海，又身處溫暖海域的特色失去優勢，保護自然環境與永續經營海洋生物，才是讓模範老爸我快樂生活，並為後代努力的最強動力！ 科

翁嘉文　畢業於臺大動物學研究所，並擔任網路科普社團插畫家。喜歡動物，喜歡海；喜歡將知識簡單化，卻喜歡生物的複雜；用心觀察世界的奧祕，朝科普作家與畫家的目標前進。

硬漢奶爸——海馬

國中生物教師　江家豪

主題導覽

海馬無疑是造型最獨特的魚類，牠們的外形和一般魚類截然不同，長管狀的口、取代鱗片的堅硬骨板與特化的尾部，都讓人難以將海馬和魚類連結。然而海馬的一些特徵卻可證明牠們是魚類，包含用來游動的魚鰭、呼吸用的鰓，以及用來控制浮沉的魚鰾等，都是魚類的標準配備。

說到海馬的獨特性，絕不僅止於外型，牠們繁衍後代的方式也別具特色。一般魚類鮮少出現護卵與育幼行為，但海馬對卵的保護可說相當完善，牠們會將受精卵收在育兒袋中，直到孵化後才將小海馬放出來，大幅提高受精卵孵化的機率。更特別的是，受精卵的主要照顧者竟然由海馬爸爸來擔綱。

〈硬漢奶爸——海馬〉說明了海馬的形態特徵與生態習性。閱讀完文章後，可以利用「挑戰閱讀王」了解自己對這篇文章的理解程度，並檢測你是否對海馬有充分的認識喔！

關鍵字短文

〈硬漢奶爸——海馬〉文章中提到許多重要的字詞，試著列出幾個你認為最重要的關鍵字，並以一小段文字，將這些關鍵字全部串連起來。例如：

關鍵字：1. 海馬　2. 魚類　3. 育兒袋　4. 雄海馬

短文：海馬生活在溫暖的淺海域中，是一種形態相當獨特的魚類。雖然海馬和一般魚類一樣採用體外受精、卵生的方式來繁衍後代，但海馬有獨特的護卵方式。海馬會將受精後的卵存放在育兒袋中，一直到小海馬孵化後才釋放出來。特別的是一般擁有育兒袋的動物多是雌性，海馬的育兒袋卻是雄海馬特有的構造，也因此海馬護卵育幼的任務，都是由海馬爸爸來擔綱。

關鍵字：1.＿＿＿＿　2.＿＿＿＿　3.＿＿＿＿　4.＿＿＿＿　5.＿＿＿＿

短文：＿＿＿＿＿＿＿＿＿＿＿＿＿＿＿＿＿＿＿＿＿＿＿＿＿＿＿＿＿＿＿＿＿＿

＿＿＿＿＿＿＿＿＿＿＿＿＿＿＿＿＿＿＿＿＿＿＿＿＿＿＿＿＿＿＿＿＿＿＿＿

挑戰閱讀王

看完〈硬漢奶爸──海馬〉後，請你一起來挑戰以下題組。

答對就能得到👍，奪得 10 個以上，閱讀王就是你！加油！

☆從許多特徵能判斷出來，海馬屬於硬骨魚類。根據文章內容回答下列問題。

（　）1. 下列何者並非魚類的特徵？（答對可得到 1 個哦！）

①用鰓呼吸　②具有鰾　③具有毛髮　④具有魚鰭

（　）2. 多數魚類用下列哪一種方式進行生殖？（答對可得到 1 個👍哦！）

①體內受精、卵生　②體外受精、卵生

③體內受精、胎生　④體外受精、胎生

（　）3. 關於海馬的敘述，下列何者正確？（答對可得到 1 個👍哦！）

①主要生活在深海中　②繁殖時採一夫多妻制

③會有交配行為　④由雄海馬負責護卵

（　）4. 下列哪一種動物和海馬的親緣關係較接近？（答對可得到 2 個👍哦！）

①河馬　②海葵　③彈塗魚　④海膽

☆傳統的胚胎發育方式可分為卵生、胎生與獨特的卵胎生。卵生指的是母體會將卵
產出體外，胚胎發育時需要的養分全部由卵提供，例如多數魚類、兩生類、爬蟲
類及鳥類等。胎生指的是受精卵會在母體內發育，胚胎發育所需養分由母體提供，
母體會直接產出胎兒，例如多數哺乳類。卵胎生則是一種獨特的生殖方法，有些
動物會將受精卵留在體內發育，胚胎發育需要的養分主要由卵提供，胎兒成熟後
會由母體產出，例如大肚魚、部分爬蟲類等。近年來有研究指出，這些受精卵在
母體中發育時，也會利用母體提供的養分，所以主張將卵胎生一詞取消，歸類為
胎生；但有另一派學者認為，牠們發育時的養分主要還是由卵提供，主張應將卵
胎生歸類為卵生。但無論如何劃分，不同的生殖策略只是為了提高子代存活的機
率。將卵留在母體內發育，受到妥善的保護，存活率自然比較高，因此卵胎生與
胎生的物種，每次繁殖過程中的排卵量都相對較少。

（　）5. 下列哪兩種動物的胚胎發育方式相同？（答對可得到 2 個 👍 哦！）

　　　①海馬跟河馬　②鯨魚跟彈塗魚　③企鵝跟黑天鵝　④大肚魚跟海馬

（　）6. 根據文章描述，海馬胚胎發育時的養分來源為何？較接近哪一種發育方式？

　　　（答對可得到 1 個 👍 哦！）

　　　①卵黃、卵生　②母體、卵生　③父親、胎生　④母體、胎生

（　）7. 比較卵生和胎生兩種生殖方式每次排出的卵量多寡，一般來說下列何者正

　　　確？（答對可得到 1 個 👍 哦！）

　　　①卵生＞胎生　②卵生＜胎生　③卵生＝胎生

☆生殖的目的在於透過配子把個體的基因傳給下一代。最初的有性生殖中並沒有精
　卵的差別，用來配對的細胞統一稱為配子，但隨著演化發生，不同個體間採用的
　策略逐漸不同。在傳遞基因上，雌性和雄性發展出不同的策略。雄性選擇產生大
　量的配子（或稱精子），細胞較小且通常會游動、主動和卵子結合；雌性的配子
　（或稱卵子）相對較少，但細胞較大，含有較多的養分可以供胚胎發育時使用，
　且卵子通常不會主動尋覓精子。雄性選擇以量取勝，亂槍打鳥，這樣的策略賭的
　是機率，也因此雄性大多到處排放精子，卻不會花太多心力照顧子代；雌性則做
　出不同選擇，牠們以質取勝，選擇將養分投資到卵子上，提供胚胎發育所需，有
　些甚至會將受精卵留在體內發育。這樣的投資雖然辛苦卻划算，因為相較於雄性，
　更能確保自己的基因成功傳遞下去。

（　）8. 關於動物生殖的敘述何者錯誤？（答對可得到 1 個 👍 哦！）

　　　①雄配子稱為精子，雌配子稱為卵子　②卵子通常比精子大

　　　③通常精子數量比卵子多　④受精卵通常由雄性照顧

（　）9. 關於雄性和雌性的生殖策略描述，何者正確？（答對可得到 1 個 👍 哦！）

　　　①雄性排出的精子一定能跟卵子結合

　　　②雌性的生殖策略是以量取勝

　　　③雌性在生殖過程中投資的能量較多

　　　④雄性在生殖過程都會主動保護子代

延伸知識

1. **海馬的藥效**：海馬是一種價值頗高的藥材，據本草綱目記載，海馬味甘、性溫熱，有壯陽、治療瘡腫毒的功效，素有「北方人蔘、南方海馬」之說。

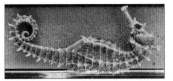

中藥行販售的海馬

2. **育幼**：在動物生殖的策略中，終極目標都是將自己的基因傳給下一代，雄性以量取勝，而雌性以質取勝，生殖過程中多是由雌性來護卵育幼，這種策略使基因傳遞成功的機率較高。

3. **管口魚**：海馬並非單一物種，而是一群稱為管口魚的「海龍魚科」的成員，其中包含多種海馬。

延伸思考

1. 根據文章的描述，你認為海馬屬於體內受精還是體外受精？胚胎發育方式又屬於卵生、胎生或卵胎生呢？

2. 你是否親眼看過海馬？還記得是在哪裡看到的嗎？牠為什麼會在那裡？

3. 一般動物多是雌性負責育幼，海馬卻是由雄性擔綱，從生殖策略來解釋，為什麼雄海馬願意負起育幼的責任呢？還有哪些動物也是由雄性育幼？

4. 觀察看看，你身邊哪些用品上具有海馬圖樣？你能在下圖中找到嗎？

以海馬做為裝飾的獎杯

圖片來源：江家豪

減碳高手 紅樹林

海邊常見的紅樹林有錯綜複雜的樹根，加上一整片的泥灘地，形成豐富的潮間帶生態系。紅樹林能夠儲存大量的二氧化碳，相對減少釋放二氧化碳到大氣中，可謂減碳大功臣！

撰文／許夢虹

導覽員：「大家好！前面是河流出海口的沿岸地區，這裡有一整片的紅樹林喔！在陸地上是找不到紅樹林蹤跡的，只有在河流出海口才有紅樹林，這裡的水不純粹是淡水，也含有海水，紅樹林的根就泡在鹹鹹的水裡，一般植物是無法生存在這種環境的，而紅樹林是一種很能適應並生活在鹹水淡水交會區域的木本植物。」

阿文：「我先來拍一張照片做報告用，唉呀！這紅樹林怎麼長得亂亂的，拍起來真不好看……」

導覽員：「你說的是錯綜複雜的根吧！那是因為這裡的水位會隨著海水起落，樹木為了呼吸和支持，有些會從枝幹上長出呼吸根，或插入水裡形成支持根，在軟爛的泥灘地中才能站得牢、不被沖走啊！」

◀紅樹林能生長在鹹水和淡水交會的潮間帶，這裡的泥灘地吸引許多潮間帶動物棲息，像是招潮蟹、彈塗魚等。

繪圖：孫基榮、曾建華；圖片來源：Pixabay、Wikimedia Commons

紅樹林小百科

紅樹林是紅樹科植物的通稱，這類植物體內含有大量單寧，當接觸空氣氧化時，枝幹便呈現紅褐色，樹皮可以用來提煉紅色染料，所以稱為紅樹。

奇異的繁殖方式

紅樹林有特殊的胎生現象，果實還長在母樹上時，就已具備胚莖和根，如同一株幼苗，因為已經度過了成長最脆弱的時期，一旦脫離母樹、掉入土中，便能生根長出幼樹。由於在土中省略了種子發芽的階段，所以稱為胎生苗。

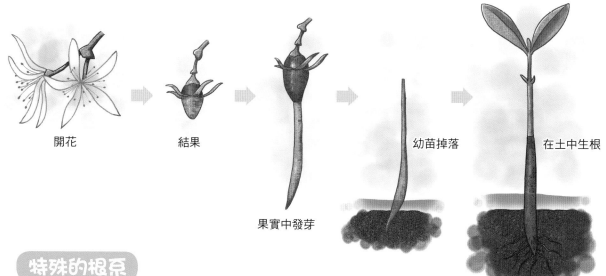

開花　　　　　結果　　　　　　　　　　　　　幼苗掉落　　　　在土中生根

果實中發芽

特殊的根系

不同種類的紅樹林會有不同形態的根，目的都是為了呼吸和支持。

水筆仔的支持根　　　　　　海茄苳的呼吸根　　　　　　五梨跤的氣根

海岸衛士——紅樹林

小敏：「紅樹林的樹根和陸地上的樹很不同，所以才在海邊屹立不倒啊！」

導覽員：「說得很好喔！紅樹林像一道綠色圍牆，擋住海風和海浪的衝擊，鞏固海岸，盤根錯節的根系有效的吸附土壤，淨化海水和空氣，吸引生物來到紅樹林區覓食棲息，如同陸地上的森林一樣，形成穩定的溼地生態系統。」

阿文：「泥灘上有螃蟹，水中還有魚吔！」

導覽員：「是啊！魚群都喜歡躲在紅樹林的根裡，也因為紅樹林的支持根立在潮起潮落的水流中，能截留沖刷過的泥沙，形成淤積的河岸，日積月累下，水面下的淤積岸因泥沙堆積而逐漸升高，退潮時裸露出水面，形成泥灘地。這樣一片泥灘地吸引了無數螃蟹、貝類、水鳥和多種昆蟲前來覓食定居，構成潮間帶溼地生態系。紅樹林的支持根在水面下也成了魚蝦貝類的避風港，護衛著水下棲地不受風浪的侵襲，因此紅樹林有『海岸衛士』的稱號！」

導覽員：「不只魚蝦蟹類被保護，還有珊瑚喔！氣候變遷和汙染常使得海水暖化，導致珊瑚大量死亡。但之前美國地質調查所在印尼附近海域發現，有許多種珊瑚在紅樹林的樹根間生長，就連受威脅物種也被保存下來了呢！」

▲躲在紅樹林根中的珊瑚能受到保護，避免海水升溫或光線不足造成的死亡。

和泥灘地一起儲碳

導覽員：「除了保護功能，紅樹林還是減少大氣中二氧化碳的功臣喔！」

阿文：「喔？有比陸地上的森林來得多嗎？紅樹林看起來也沒比陸地上的樹木長得高又大啊！」

導覽員：「好問題！大家都知道植物行光合作用會吸收二氧化碳，製造氧氣和養分，於是大氣層中的溫室氣體——二氧化碳就儲存在植物體內，木本植物比草本植物能儲存更多二氧化碳。但是紅樹林生長的泥灘地有魚蝦貝類的排泄物和動植物屍體，經細菌分解後產生的二氧化碳，也留存在這片泥灘地中，因此紅樹林生態系統可以儲存的二氧化碳，要比陸地的森林高。」

小敏：「這麼說來，紅樹林是因為加上泥灘地，所以儲存二氧化碳的量才比陸地森林高，是這樣嗎？」

繪圖：孫基榮、林麗娟；圖片來源：Pixabay、達志影像

▲為了復育紅樹林，人們會培育紅樹林幼苗，種植在沿海地區。

▲紅樹林復育成功後，可以在紅樹林區域建造步道，增加觀光收益。

▲紅樹林根系能夠形成淺海生物的庇護所，因此復育紅樹林還能增加漁民的收穫。

導覽員：「是的，正是泥地的功勞！海洋中的二氧化碳有一半以上是由海洋生物所吸收，包括紅樹林、鹽沼植物和海草，它們占的區域雖然不大，卻構成了地球上最主要也最密集的碳儲存地區，其中紅樹林又比單純泥灘地的儲碳效果更好。所以說砍掉一片紅樹林，大氣中增加的溫室氣體比砍掉一片陸地森林更多。」

復育紅樹林的效益

阿文：「紅樹林無論對環境或人們都很有用啊！為什麼有人要砍掉紅樹林呢？」

導覽員：「有些地區的居民砍伐紅樹林，是把木材用來蓋房子、當做燃料或是賣錢，更常發生的是將紅樹林砍掉，把土地做為其他用途。過去 50 年，全球紅樹林的面積減少了 30％到 50％，消失速度比陸地森林還快。少了紅樹林屏蔽海岸，颱風或洪水造成沿海居民更大的損失，地球上二氧化碳也少了封存的地方，更加速全球暖化。」

阿文：「那應該多種些紅樹林啊！」

導覽員：「說得很好！地球暖化是全地球人要共同面對的問題，因為暖化，氣候變得詭異，近年來有國家開始復育紅樹林，而其中非洲肯亞復育紅樹林的計畫相當成功。」

小敏：「肯亞是怎麼做的呢？」

導覽員：「在肯亞加茲的一些海岸村落，居民經常使用紅樹林木來蓋房屋、做家具和造船，紅樹林遭受大片砍伐，使得海岸生態大受影響。經過許多專家學者努力推動，才讓居民開始復育紅樹林。肯亞沿岸地區靠海，居民大部分靠捕魚維生，在雨季時無法從事魚貨生意的期間，村民紛紛投入種植紅樹林的行列。接著發展生態旅遊，帶領遊客認識紅樹林和它的特殊生態，像胎生現象，就是吸引遊客的亮點。村民的漁獲量也因為紅樹林復育成功而增加了。」

減碳可以交易獲利

小敏：「復育紅樹林還可以增加觀光收入，真不錯！」

導覽員：「不只如此，復育紅樹林還有

圖片來源：freepik、達志影像

另一項收益，那就是來自國際之間的碳交易計畫，加茲每年在紅樹林消失的區域種植 4000 棵樹苗，同時保有了現存的樹林區，在未來 20 年，每年可向碳排放超出額度的國家，賣出 3000 公噸的二氧化碳交易量，加茲在 2014 到 2015 年因此獲得 2 萬 5000 美元的收益。簡單來說，碳交易計畫是要限制那些製造過多二氧化碳的國家，並獎勵減少製造的國家，因此減少排放二氧化碳，能賺取不少費用喔！」

CO₂ 碳交易計畫

聯合國清潔發展機制負責單位每年會核定每個國家排碳的額度。如果某國家的發電廠原來以燃燒煤發電，後來改成天然氣發電，二氧化碳的排放量從 0.9 公噸降到 0.3 公噸，那麼所減少的額度，每公噸可用歐元計價，出售給碳排放量超額的國家。而超額排放的國家一定得從有多餘額度的國家購買排放額度，不遵守的話，會受到聯合國的制裁。

溼地變森林

阿文：「紅樹林這麼好的生態，我們應該好好保護，不可以亂砍伐開發。」

導覽員：「過度保護也不行，隨著紅樹林胎生苗著生在泥灘地上，泥灘地逐漸轉變為由紅樹林覆蓋的河口。茂密的紅樹林形成後，會加速泥灘地速淤積，地形愈積愈高，樹林愈加鬱閉，溼地變為陸地，最後成為陸地森林生態系，當其他開闊的泥灘地也陸續被胎生苗占領，會連溼地生物的棲息地也一起消失。」

小敏：「原來海岸旁一整片森林是這樣形成的！」

導覽員：「不過，紅樹林仍會持續向淺海進攻，開拓更多泥灘溼地，生命力很強呢！今天的導覽就先告一段落，歡迎大家繼續留下來欣賞更多的紅樹林美景喔！」 ㊉

作者簡介

許夢虹　從事科學編輯多年，閒時閱讀、健走親近大自然，極度認同大自然是人類珍貴的資產，青山常在綠水長流，是豐富心靈之道。

紅樹林的樹根會抓住泥土、淤積土壤，隨著樹林密布，地勢會增加而轉成陸地森林。

未被紅樹林侵占的區域有開闊的泥灘地，隨著泥沙淤積會形成乾燥的陸域森林。

減碳高手——紅樹林

國中生物教師　江家豪

主題導覽

　　減碳是世界各國針對改善全球暖化提出最具體的做法，然而除了減少二氧化碳的排放之外，如何加速二氧化碳循環、進入生物體內，以減少大氣中二氧化碳的濃度，也是重要的議題。植物的光合作用是最為重要的環節，但近幾十年來，人類的開發致使森林面積不停縮減，除了最茂密的熱帶雨林外，減碳功能極佳的紅樹林也因人類與海爭地，面臨危機。

　　〈減碳高手——紅樹林〉介紹了紅樹林獨特的生態系統與紅樹的特徵，並提及紅樹林的減碳效果。閱讀完文章後，你可以利用「挑戰閱讀王」檢測你對紅樹林的生態功能是否有充分的認識。

關鍵字短文

　　〈減碳高手——紅樹林〉文章中提到許多重要的字詞，試著列出幾個你認為最重要的關鍵字，並以一小段文字，將這些關鍵字全部串連起來。例如：

關鍵字：1. 紅樹林　2. 潮間帶　3. 泥灘地　4. 胎生苗　5. 減碳

短文：紅樹這類植物含有大量單寧，氧化之後枝幹會呈現紅色，由紅樹構成的樹林稱為紅樹林。紅樹林主要分布在潮間帶的泥灘地，這些爛泥由河流沖積而來，堆積於河水和海水的交會處，鹽分、溫度等變化劇烈，因此一些紅樹演化出獨特的胎生苗構造，可以增加植株存活的機會。紅樹對泥灘地的獨特適應，讓它們得以成為泥灘地的主要樹種。成片的紅樹林有重要的減碳效果，因此有些國家將復育紅樹林當做重要減碳政策之一。

關鍵字：1.＿＿＿＿　2.＿＿＿＿　3.＿＿＿＿　4.＿＿＿＿　5.＿＿＿＿

短文：＿＿＿＿＿＿＿＿＿＿＿＿＿＿＿＿＿＿＿＿＿＿＿＿＿＿＿＿＿

＿＿＿＿＿＿＿＿＿＿＿＿＿＿＿＿＿＿＿＿＿＿＿＿＿＿＿＿＿＿＿

＿＿＿＿＿＿＿＿＿＿＿＿＿＿＿＿＿＿＿＿＿＿＿＿＿＿＿＿＿＿＿

挑戰閱讀王

看完〈減碳高手——紅樹林〉後，請你一起來挑戰以下題組。

答對就能得到👍，奪得 10 個以上，閱讀王就是你！加油！

☆根據文章的描述，回答下列關於紅樹林的問題。

（　）1. 下列關於紅樹的敘述，何者正確？（答對可得到 1 個👍哦！）

　　　　①是一種開紅色花的樹　②包含許多樹種

　　　　③生長在海邊的岩石上　④是肯亞獨有的物種

（　）2. 胎生苗是紅樹獨特的適應構造，下列相關敘述何者正確？

　　　　（答對可得到 1 個👍哦！）

　　　　①是無性生殖構造　②是種子在樹上發芽後形成

　　　　③是種子在動物消化道發芽形成　④是紅樹用來呼吸的構造

（　）3. 紅樹林被稱為減碳高手，是因為它們會行何種代謝作用，減少空氣中的二氧化碳？（答對可得到 1 個👍哦！）

　　　　①呼吸作用　②蒸散作用　③光合作用　④淨化作用

（　）4. 關於紅樹林的敘述何者正確？（答對可得到 1 個👍哦！）

　　　　①為增加減碳功能，應該在所有溼地大量種植

　　　　②不具經濟價值，應砍伐後種植其他作物

　　　　③多分布在高緯度的寒冷地區

　　　　④可見到許多特化的支持根和呼吸根

☆臺灣河川多且坡陡流急，在河流出海口多有泥沙淤積，形成獨特的紅樹林生態系，除了東部為陡峭的岩岸地形外，北部的淡水河周邊、西部的中港溪出海口、南部的臺江國家公園都有紅樹林分布。臺灣原有六種紅樹，其中紅茄苳與細蕊紅樹曾在臺灣絕跡，目前從國外引入復育中；最常見的是水筆仔，獨特的胎生苗更是書上常見教材。除此之外，尚有紅海欖、海茄冬、欖李等，若想要一次看到這四種紅樹，只有臺江四草可以滿足心願。曾經淡水紅樹林是地球上紅樹分布的最北界，後來在日本九州南部發現水筆仔的蹤跡後，改寫了這樣的說法。

（ ）5.有關臺灣紅樹林的描述何者正確？（答對可得到 1 個👍哦！）

　　①最常見的樹種為水筆仔

　　②目前常見的有 10 種紅樹

　　③淡水是地球上紅樹林分布的最北界

　　④淡水可以一次看到四種紅樹

（ ）6.臺灣何處沒有分布紅樹林？（答對可得到 1 個👍哦！）

　　①北部　②西部　③南部　④東部

☆河口生態系位於河川出海口，由河流夾帶的泥沙淤積而成，成為含有大量營養鹽卻極度缺氧的泥灘地。然而此處因為河海交界，鹽度變化劇烈，加上有潮汐影響，時而露出水面曝曬、時而沒入水中，溫度變化也很劇烈，因此能夠適應河口生態系的物種都必須有相對應的本領。像是彈塗魚和招潮蟹能在沒有水的爛泥中活動，並生存很長的時間；紅樹林多有排除鹽分的構造，支持根和呼吸根讓它們適應爛泥和缺氧的環境，能在此處安身立命。有豐富的養分，又沒有過多的競爭者，這些生物族群於是大肆增長，最後占滿整個河口泥灘地，形成河口生態系的一大特色——種少量多。走訪一趟淡水紅樹林或臺江國家公園，一定不難發現，那裡的生物種類不多，但每每出現都是千軍萬馬！

（ ）7.關於河口生態系的描述何者正確？（答對可得到 1 個👍哦！）

　　①十分缺乏陽光　②主要由大型石塊堆積形成

　　③鹽度及溫度變化劇烈　④只有動物而沒有植物生存

（ ）8.下列何者並非河口生態系常見的生物？（答對可得到 1 個👍哦！）

　　①企鵝　②彈塗魚　③水筆仔　④招潮蟹

（ ）9.河口生態系的生物相有什麼特色？（答對可得到 2 個👍哦！）

　　①種類多，數量少　②種類多，數量多

　　③種類少，數量多　④種類少，數量少

延伸知識

1. **河口鹽度**：變化大且泥沙中缺氧，種子掉落不易生存，因此部分紅樹演化出獨特的適應方式：種子先在母體萌發後才脫落，掉落到爛泥中可以直接生長，除了克服惡劣的環境條件外，也能避免被海流沖走。

2. **排鹽**：棲息在海邊的生物多有排除鹽分的構造，像是海龜和一些水鳥的鹽腺，可以把體內過多的鹽分排除，有時看起來就像在流眼淚或流鼻涕一般。紅樹林植物也有類似構造，有些種類可以從葉背將多餘鹽分排除。

3. **減碳**：減少二氧化碳排放是聯合國改善全球暖化的當務之急，2021 年的世界地球日，美中俄三國領袖就針對各自國家減碳的期程做出宣示，重要性可見一斑。

延伸思考

1. 臺灣的紅樹中有哪些種類會形成胎生苗？又有哪些會從葉背排除鹽分？

2. 查查看，世界地球日是幾月幾日？ 2021 年美中俄三國領袖對「減碳」做出了什麼宣示？

3. 紅樹林除了生態價值外，也有觀光價值。查查看，臺灣有哪些紅樹林的觀光行程？

超乎想像的 食物浪費

廚餘是生活中最常遇到的食物浪費狀況，
然而只要把每餐都吃光，就能解決這個問題嗎？
其實食物浪費問題比你想的複雜許多！

撰文／林慧珍

除夕夜的餐桌總是特別豐盛，面對年夜飯滿桌大魚大肉，除了過新年全家團圓（等著領壓歲錢）的歡樂心情，外加擔心大吃大喝後身材可能走樣的小小顧慮，你還想到什麼？常幫忙做家事的人可能會苦惱，吃完大餐後要清洗好多碗盤，還有許多剩菜、廚餘，等著要處理。

當然，有很多人會跑到大餐廳吃年夜飯，就不需要自己花時間處理碗盤和廚餘。但是，縱使眼不見為淨，看看服務生收走的剩菜，大概也可以猜測後續要處理的垃圾量有多驚人。

圖片來源：達志影像

場景轉到學校，上學期間，當同學用完營養午餐之後，通常也很少有班級能把餐桶裡的東西吃光光，於是一桶桶剩餘的食物，又被抬出教室。

美食一旦變成剩菜，留到下一餐往往不再受人青睞。儘管臺灣近年推動廚餘再利用，讓這些有機垃圾變成堆肥或養豬的食物，減少了一定程度的廚餘垃圾。不過，假如一開始就沒有這些浪費，不但能夠省下處理它們的麻煩，還可以有其他效益。

超乎想像的浪費

小時候沒有把飯吃完，長輩總是會說：「有夠討債（臺語『浪費』的意思），外面可是有很多貧窮的小朋友連飯都沒得吃。」根據聯合國農糧組織的估計，全世界平均每七個人，就有一個人處於挨餓的狀態，而且隨著世界人口增加，一方面要提高農業產量卻又面臨許多限制，加上全球氣候變遷的種種影響，吃不飽的問題只會更加嚴重。在這種情況下，我們竟然還在丟棄食物，好像真的很不應該。

臺灣人到底有多浪費？環保署的網站可以查到全國垃圾清運狀況的統計，根據 2014 年的資料，環保單位從養豬戶及堆肥廚餘回收桶所收到的廚餘，總計 72 萬 373 公噸。另外，很多人懶得把廚餘與垃圾分開，因此還有相當多的廚餘是混進一般垃圾被丟進垃圾車裡，然後直接掩埋或焚化；從環保署的垃圾性質分析資料顯示，一般垃圾裡平均有 37.64％是廚餘垃圾，如果乘上該年的總垃圾量，會發現裡面還有 123 萬 1844 公噸的廚餘！加上回收的廚餘，臺灣 2014 年平均每個人丟棄了大約 85 公斤的廚餘。

誰在浪費食物？

但這只是保守估計，因為我們無從得知餐廳、營養午餐業者、麵包店、大賣場、超市、便利商店等透過其他方式清運丟棄的過剩、過期食物到底還有多少（有些說不定被拿去做餿水油了），更不用說那些在農場收成時，因為賣相不好、大小規格不符要求而被淘汰的農產品，還有在儲存、運送過程中被熱壞、凍壞、碰壞，進不了賣場就被丟棄的蔬果。

換句話說，食物的浪費從農作物生產以及採收的過程就開始了。聯合國農糧組織把食物的浪費分成上游（包括生產、收成後的處理、儲存）以及下游（加工、運輸配送及消費）兩大類，在糧農組織 2013 年的報告當中，上游及下游的食物浪費各占了 54％及 46％。

餐廳老闆為了確保消費者點得到想吃的菜，總會多準備一些材料，但是賣不完的剩餘食材，最後往往丟進垃圾桶。假如買進來的東西註定有一半或三分之一要丟掉，老闆在訂定售價時，是不是也會把這些隱藏的廚餘成本加進去呢？也就是說本來可能只值 100 元的食物，消費者往往必須花 200 元，甚至更多來買單。

這幾年來，歐美一些先進國家紛紛開始倡導愛惜食物、減少食物浪費的做法，並嘗試把尚可食用的多餘食物分享給需要的人。這麼做除了看緊荷包的考量之外，還有更多降低環境衝擊及社會成本的效益。

浪費背後的隱形成本

「誰知盤中飧，粒粒皆辛苦」、「一粥一飯，當思來之不易」，我們的祖先在農業時代留下的訓示，到了機械化大量取代人工的現代，還是相當有道理的。因為我們吃的食物，在生產以及運送的過程中，都要投入相當多資源，而且會產生許多「碳排放」。除此之外，耕種需要土地，這些耕地都是從原始的森林或草地開墾而來；導致原本生活在這些原始土地上的許多動物，因為失去棲地而死亡。另一方面，人類為了盡可能生產大量糧食，在農耕的過程中，更進一步趕走或殺死許多野生動植物，帶給生物多樣性相當大的衝擊。

不只如此，灌溉農地需要大量淡水，而沒有汙染的淡水是愈來愈稀有的資源，2015年和2021年臺灣嚴重缺水，有些縣市不得不實施限水措施，除了造成生活上的不方便，還有一些農地沒水可用，被迫休耕。

如果我們能停止浪費食物，就能節省水資源、保育更多原始的土地，並減少碳排放。這效益會有多大？或許能從這些被浪費的食物背後所使用的資源，來推估得知。

聯合國農糧組織在2013年的報告提到，人們所生產的糧食，約有三分之一在到達消費者手上之前，就耗損或浪費了。這些白白浪費掉的食物總量大約是每年13億公噸，需要用將近14億公頃的土地來種植及飼養，占了全世界農地的30％，大概是389個臺灣那麼大。假如這些食物能被充分利用，人類就可以不必再繼續開發更多土地，藉此保住我們的生態環境。

此外，生產13億公噸的食物，估計需要250立方公里的水，這些水可以裝滿625個翡翠水庫（或334個曾文水庫）。農糧組織也計算了這13億公噸食物的碳足跡，高達33億公噸，只比美國與中國一年的溫室氣體排放量低。現在世界各國都在積極減少碳排放，如果可以避免這些浪費，對於遏止地球暖化也有相當大的貢獻。

從經濟的角度來看，全球每年浪費掉的食物價值高達32兆臺幣，如果再把各種環境衝擊算進去，損失估計是83.2兆臺幣。

如何減少浪費？

身為消費者，我們也許很難直接幫忙減少上游的浪費，但我們可以嘗試減少下游端的浪費，光是降低廚餘的製造量，就能達到每個人一年好幾十公斤的效果。

例如從購買行為開始，食物之所以會吃不完，往往是一開始買得太多，或者是上餐廳吃飯、點了太多道菜，所以只要在購買之前稍微盤算一下各種食材的保鮮期與需求量，就能減少丟棄食物。

圖片來源：freepik

全球食物浪費 大搜查
FOOD WASTE

全世界大約有三分之一的糧食，
在到達消費者手上之前，就耗損或浪費掉了！

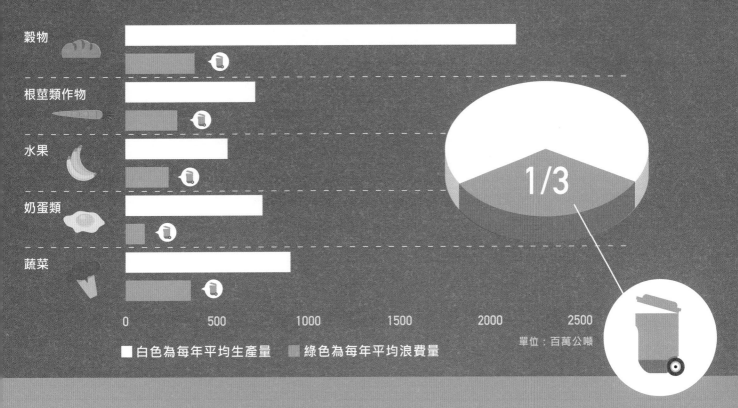

穀物

根莖類作物

水果

奶蛋類

蔬菜

| 0 | 500 | 1000 | 1500 | 2000 | 2500 |

1/3

單位：百萬公噸

■白色為每年平均生產量　■綠色為每年平均浪費量

生產這些食物需要
30% 全世界農地
14億公頃

也就是
389 個臺灣那麼大的地...

每年耗費
625 個翡翠水庫的水量
250立方公里

估計造成每年
83.2 兆臺幣的損失

計畫性購物，
只買適量的食物

將剩菜打包

利用食物募集站

如何減少
食物浪費？

只切除不能吃的部分

我們也可以藉由改變購買行為，來影響超市及賣場的販賣方式：假如我們願意接受長相抱歉但仍然新鮮又營養的食物，賣場也就不必擔心這些食物賣不掉，造成損失。

如果你會自己下廚，不妨試著調整處理食材的方法，例如切菜時，要求自己下手更精準，只切掉真的不能吃的部位，盡可能保留可食的部位。有些根莖類蔬菜，其實可以連皮吃，只要清洗乾淨就不必削除，而且連皮吃下往往能攝取更多營養。

如果真的剩下太多食材，可以趕快分享給需要的人。目前臺灣有一些公益組織順應世界潮流，推動分享「剩食」的運動，你可以上網或留意住家附近的超市或商家，有沒有

「食物銀行」或者是「食物募集站」，透過這些通路，把多餘但尚可食用的食物贈送給需要的人。此外，到餐廳吃飯時，可以把沒吃完的剩菜打包，下一餐再盡速吃完，這也是一種跟得上潮流的美德。

假如你希望家裡的荷包年年有餘，地球的資源也年年有餘，或許可以和家人約定，從下個除夕夜開始，別讓年夜飯剩下來！

作者簡介 ⎯⎯⎯⎯⎯⎯⎯⎯⎯⎯⎯⎯

林慧珍　從小立志當科學家、老師，後來卻當了新聞記者以及編譯，最喜歡報導科學、生態、環境等題材，為此上山下海都不覺得辛苦。現在除了繼續寫作、翻譯，也愛和兩個兒子一起玩自然科學，夢想有一天能夠成為科幻小説作家。

超乎想像的食物浪費

國中生物教師　江家豪

主題導覽

你有把食物吃光的習慣嗎？你知道臺灣每個人平均一年會浪費多少食物嗎？也許你未曾思考過這些問題，但這些現象正在生活中發生。我們在購買時捨棄賣相不佳的食材、在備料時過度切除蔬果皮、在用餐時遺留太多廚餘……以上都是浪費食物的行為。你是否也在無意識之中，成為浪費食物的幫兇呢？除了食物本身的浪費，在生產食物的過程中，需要大量土地、水源、勞力以及機械等，都是末端消費者常忽略的隱形成本，我們生活中浪費的資源，絕對比想像中的多上許多！

〈超乎想像的食物浪費〉介紹了浪費食物的隱形成本，詳盡說明了各種浪費食物的作法與代價。閱讀完文章後，你可以利用「挑戰閱讀王」了解自己對文章的理解程度，並檢測你是否對食物浪費有充分的認識和省思！

關鍵字短文

〈超乎想像的食物浪費〉文章中提到許多重要的字詞，試著列出幾個你認為最重要的關鍵字，並以一小段文字，將這些關鍵字全部串連起來。例如：

關鍵字：1. 廚餘　2. 食物浪費　3. 隱形成本　4. 碳排放　5. 減少浪費

短文：根據統計，臺灣每個人一年會製造 85 公斤的廚餘，這些食物浪費的現象，背後有著極高的隱形成本，從生產的土地、灌溉的水源，甚至是投入的人力等，都是地球上珍貴的資源。這些資源浪費後所產生的碳排放，只比美國和中國等大國一年排出的溫室氣體量少一些而已。檢視我們的生活，想想看可以做些什麼改變來減少浪費？

關鍵字：1.＿＿＿＿＿　2.＿＿＿＿＿　3.＿＿＿＿＿　4.＿＿＿＿＿　5.＿＿＿＿＿

短文：＿＿＿＿＿＿＿＿＿＿＿＿＿＿＿＿＿＿＿＿＿＿＿＿＿＿＿＿＿＿

＿＿＿＿＿＿＿＿＿＿＿＿＿＿＿＿＿＿＿＿＿＿＿＿＿＿＿＿＿＿

挑戰閱讀王

看完〈超乎想像的食物浪費〉後，請你一起來挑戰以下題組。

答對就能得到👍，奪得 10 個以上，閱讀王就是你！加油！

☆根據文章的描述，回答下列關於食物浪費的問題。

（　）1.有關食物浪費的現象，下列敘述何者正確？（答對可得到 1 個👍哦！）

　　　　①只有臺灣人在浪費食物

　　　　②地球的食物充足，些微的浪費無傷大雅

　　　　③淘汰賣相不佳的蔬果也是一種食物浪費

　　　　④把廚餘拿去餵豬不算食物浪費

（　）2.下列哪項作法較能減少食物浪費？（答對可得到 1 個👍哦！）

　　　　①到大賣場一次買足一週的食材，量多才便宜

　　　　②外型不佳的食材會影響胃口，不要購買

　　　　③芭樂籽也很香甜好吃，切水果時可以不用挖掉

　　　　④為了划算，要常去「吃到飽」的餐廳

（　）3.下列何者屬於「下游端」的食物浪費？（答對可得到 1 個👍哦！）

　　　　①收成蓮霧時，不採收賣相不佳的果實

　　　　②紅豆乾燥度不足，導致存放時發霉

　　　　③為了增加蔥白長度，整理時多拔除兩片蔥葉

　　　　④一次購買太多麵粉，導致放到過期

（　）4.根據統計，我們浪費的食物中，以哪一種類別占最大宗？

　　　　（答對可得到 1 個👍哦！）

　　　　①蔬果類　②根莖類　③水果　④穀物

☆食物浪費的背後有著許多隱形成本，請根據文章內容回答下列問題。

（　）5.下列何者不是食物浪費的隱形成本？（答對可得到 1 個👍哦！）

　　　　①原始森林被開發為農地　②珍貴的淡水資源被用於灌溉

　　　　③果菜市場的批發價格下滑　④大量的溫室氣體排放

（　　）6.根據聯合國農糧組織的調查，下列關於「食物浪費」的說明何者正確？

（答對可得到 2 個👍哦！）

①糧食的浪費都發生在消費者端

②減少食物浪費也是一種生態保育方式

③多用廚餘養豬可以減少溫室氣體的排放

④臺灣是世界上食物浪費最嚴重的國家

☆環保署對碳足跡的定義是，一個活動或產品從原物料開採、運送、加工，一直到廢棄後的處理、回收，過程中直接或間接產生的溫室氣體排放量。也就是說，現在流行的電動車雖然行駛時不會燃燒汽油、排出二氧化碳，但這部車在製造、銷售運送過程中，仍會有碳排放，這些都必須列為計算，所以只能說電動車的碳排放相對較少而已。日常生活中，飲食習慣也與碳排放量息息相關，因為能量會在食物鏈中流失，食物鏈愈長，能量的浪費愈多，碳排放量也愈多。在我們日常生活中，力行「少肉、當季、在地生產」的飲食準則，可以有效減少碳足跡。

（　　）7.相較之下，到小吃攤食用哪種小菜所造成的碳足跡最多？

（答對可得到 1 個👍哦！）

①鯊魚煙　②海帶　③豬頭皮　④豆干

（　　）8.在目的地相同的情況下，哪種交通方式最能有效減少碳足跡？

（答對可得到 1 個👍哦！）

①搭公車　②步行　③騎腳踏車　④騎電動車

（　　）9.下列對「碳足跡」的描述何者正確？（答對可得到 2 個👍哦！）

①只有交通工具會產生碳足跡

②是用來計算溫室氣體的排放量

③多吃肉可以減少碳足跡

④食物鏈愈長，碳足跡愈少

延伸知識

1. **臺灣全民食物銀行**：該組織以「資源不浪費，臺灣無飢餓」為中心思想，把來自各量販店、食品商、公司行號，甚至個人提供的愛心糧食物資，重新整理分類後，分配給需要的人，讓那些包裝完整的食物能受到更妥善的利用。

2. **食物回收倉**：英國的食物回收倉 FareShare 接收各大超市和食品供應商捐贈的「過剩食物」，類似食物銀行的概念。回收倉會將物資轉交有需求的單位，並收取象徵性費用。

3. **綠色消費**：選購產品時，考慮產品對生態環境帶來的衝擊，而選擇對環境傷害少甚至有利的產品，考量範圍包含產品的製造、運送、銷售乃至丟棄，以及可回收程度等。

延伸閱讀

1. 你家每天產生多少廚餘呢？家人都如何處理吃不完的食物？

2. 查查看，文章中提到「誰知盤中飧，粒粒皆辛苦」、「一粥一飯，當思來之不易」分別出自哪篇文章？除了這兩句話，你還聽過哪些勸人珍惜食物的名言佳句？

3. 到餐廳用餐後如果有剩餘食物，你會如何處理？為什麼這樣做？

4. 水果攤或超市常會以便宜的價格促銷賣相不佳的水果，你會購買嗎？為什麼？

這些味道植物聞得到

植物雖然不像人們一樣會吱吱喳喳的說話，
但它們在你察覺不到的範圍裡，可是會用化學氣味交流訊息喔！
它們甚至會用氣味警告同伴：「有蟲啊！」

撰文／張亦葳

植物總是安靜的生長在某個地方，看起來動也不動，但它們體內的變化，還有它們可以接收的環境訊息，可是比你想像的複雜許多。沒錯！植物的確具有感知能力，能尋找光，也能「聞到」味道。

切開蘋果、橘子、西瓜和榴槤四種不同的水果，請你閉起眼睛、用鼻子聞聞看，一定很容易分辨出它們是誰（不信的話，可以自己在家實驗一下）。不只水果，剛修剪的青草地、盛開的茉莉花……植物其實都擁有屬於自己的特殊氣味。這些植物釋放出來的氣味，通常含有意義，比方說，告訴昆蟲或動物們：「來唷！快來幫忙傳播花粉或散播種子唷！」換句話說，植物會利用氣味傳遞訊息給動物。不過，除了釋放出氣味，植物也可以「聞到」味道喔！

當然，「聞到」算是比較擬人化的說法。畢竟我們人類所謂的嗅覺，是鼻腔內的受器細胞接受空氣中的化學分子刺激之後，再由嗅神經傳到大腦而產生。植物沒有鼻子、沒有嗅神經，也沒有大腦，很顯然不是透過相同的方式偵測到氣味分子。可是，植物可以捕捉到空氣中某些揮發性化學物質，並且有所反應，這是無庸置疑的。讓我們一起來看看相關的例子！

聞到食物味

美國賓州州立大學有位昆蟲學家德摩賴斯（Consuelo De Moraes）曾經針對菟絲子進行研究，透過一系列的實驗，證明了菟絲子可以聞出宿主植物在哪裡。

菟絲子的幼苗一開始尋找宿主植物時，會像我們摸黑找東西那樣到處試試看，但假如它旁邊剛好長了棵番茄，它會很快的往番茄方向彎曲、生長，然後纏繞上去。德摩賴斯除了把整個過程錄起來仔細觀察之外，還發現菟絲子好像很確定番茄在哪裡，用空花盆或假的植物也騙不了它，不管有沒有光線、番茄放在哪一邊，它總是找得到番茄，非常神奇。所以，德摩賴斯做了一個假設：菟絲

圖片來源：達志影像

子可以聞出番茄在哪裡。

　　為了驗證這個假設是否正確，德摩賴斯進行實驗。她和學生把菟絲子放進一個密閉的箱子裡，再把番茄放進另外一個密閉的箱子裡，兩個箱子之間只用一根管子連接，讓空氣相互流通。結果菟絲子還是往管子的方向

生長，顯示確實是番茄釋放的氣味吸引了菟絲子。不死心的德摩賴斯又試著把番茄莖的萃取液塗在棉花棒上，再把棉花棒插在花盆裡，放在菟絲子附近，你猜會發生什麼事？沒錯，菟絲子朝著這根棉花棒的方向生長了；而不含萃取液的棉花棒（對照組）沒有

靠近

我比較喜歡番茄的味道。

靠近

番茄　　菟絲子　　小麥

菟絲子是什麼？

　　菟絲子屬於一種寄生植物，它沒有葉綠素，不能進行光合作用自行製造養分，所以跟我們熟悉的「綠色」植物很不一樣。在這種情形下，為了維持生命，菟絲子必須寄生在其他植物身上，才能獲取所需養分。菟絲子會利用莖來纏繞宿主植物，然後把莖上的吸器伸進宿主植物莖的韌皮部，不斷吸取其內含糖的液體，供自己利用。

▶菟絲子柔軟的莖攀附住宿主植物，一圈又一圈的纏繞著。它的莖上有一粒粒突起的吸器，會伸入宿主的內部吸取養分。

你吃到的營養就是我的營養啦！我們緊緊相擁不分開！

相同的吸引力。這個實驗證明德摩賴斯的假設，菟絲子真的能聞到食物的味道！

進一步測試，在菟絲子兩側分別放了番茄和小麥盆栽，就算放的距離一樣遠，菟絲子仍毫不猶豫的往番茄生長，代表番茄釋放的氣味裡，含有能吸引菟絲子的揮發性化學物質，而小麥釋放的氣味成分不受菟絲子所青睞。菟絲子竟然還能利用嗅覺分辨自己比較喜歡和不喜歡的宿主植物，是不是很奇妙呢？

聞到成熟味

不知道你有沒有聽過這樣的說法：「拜拜過的水果要趕快吃喔！它比較容易爛！」其實，早在很久以前，古代的中國人就懂得在存放梨子的房間燒香，好讓梨子熟得更快，而從前的美國人也會把剛採收的橘子架高，在底下使用煤油加熱器，使橘子快點變熟。到底是什麼加快了水果成熟的速度呢？是熱？是香？還是煤油？

美國科學家戴尼（Frank E. Denny）曾做過相關研究，他發現煤油燃燒產生的煙含有微量乙烯（C_2H_4），這種氣態的化合物具有催熟水果的作用。後來有幾位科學家進一步研究，也證實植物本身會合成乙烯來調節葉子老化（落葉）、開花、果實成熟等現象，而且只要極低的濃度就能引發生理反應。

植物的果實成熟時，會釋放大量的乙烯，隨著空氣擴散開來，促使同一棵樹

成熟的蘋果會釋放大量乙烯，影響周圍的果實，令其他果實加速成熟。

綠蘋果啊～快跟我一樣變紅吧！

上還沒成熟的果實同步成熟，附近同種植物的果實「聞到」了，也會跟著一起成熟。你覺得這樣有什麼好處？植物之所以這麼做，應該和傳宗接代的目的有關。一大堆成熟的果實，總是比只有一顆成熟果實來得誘人，如果可以吸引很多動物前來飽餐一頓，牠們吃完就能順便幫忙到處散播種子！

我們拜拜燒香所產生的煙也含有乙烯的成分，因此當水果「聞到」空氣中的微量乙烯時，等於收到「趕快成熟吧」的訊號，然後

摘下的水果怎麼還會變熟？它們沒有死掉嗎？

水果從樹上摘下來以後，一開始還是活的，但因為無法再得到樹木供應的養分和水分，所以大部分的水果會進行「呼吸作用」，分解自己體內的養分，以維持存活的能量。許多水果偵測到乙烯的味道後，能夠繼續成熟，當果實本身的能量用完了，才會漸漸腐敗而真正死亡。

繪圖：林麗娟；圖片來源：達志影像、Flickr/katrien berckmoes

被催熟。所以以後你就知道了，拜拜過的水果沒辦法放太久，真的要趕快吃才行！同樣的道理，假如同一袋水果裡面有一顆特別軟爛的話，也別忘了趕快把它拿出來，否則袋中其他水果也會因為不斷聞到成熟味，而快速變熟了。

聞到危險味

想像一下，上體育課時，你走在操場上，突然有不知名的昆蟲飛來咬你的手臂，你會不會馬上告訴身旁的同學：「小心！這裡有蟲！」呢？

某些植物就會這麼做！美國華盛頓大學的羅德斯（David Rhoades）和奧里恩斯（Gordon Orians）曾經發現，當某一棵柳樹被枯葉蛾的幼蟲啃咬過，附近其他棵健

康柳樹的葉子中，所含的酚和單寧物質（一種蟲很不喜歡的物質）會增加，讓蟲吃了覺得「不舒服」而遠離，藉此提高對蟲的抵抗力。所以羅德斯推論：受到蟲害的柳樹能藉由空氣傳送一種警戒費洛蒙，給健康的鄰居同伴，通知它們有危險！同伴一「聞到」，就會開始製造保護自己的化學物質。

有關植物因受傷而釋放訊息的研究其實不少。墨西哥學術暨高等研究中心的黑爾（Martin Heil）幾年來密切研究野生皇帝豆，他發現皇帝豆很奇妙，被甲蟲啃咬之後會出現兩種反應：受損的葉子會釋放氣體訊號，而花朵會開始產生花蜜吸引其他節肢動物靠近，前來捕食甲蟲。只不過黑爾認為，受損葉子所釋放的氣體訊號，只是為了保護自己身上其他健康的葉子，並不是要通知別

繪圖：林麗娟

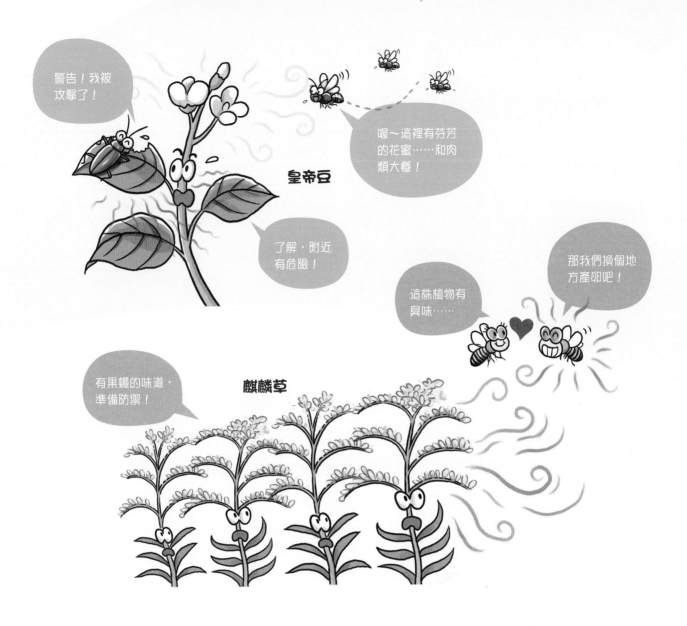

棵植物。但無論有意或無意，就算別棵植物是不小心「偷聞到」危險的味道，也算是獲得非常有用的訊息！

更特別的是，植物不只能接收其他植物的氣體訊號，還能接收昆蟲的。美國賓州州立大學另一位昆蟲學家曾經發現，雄果蠅為了吸引雌果蠅交配，會釋放一種費洛蒙，而當麒麟草「聞到」這種氣味，會增強防禦力，製造出果蠅不喜愛的物質，避免雌果蠅交配後在自己的莖部產卵，很酷吧！

看完這些例子，對於植物你是不是又有不同的想法了呢？雖然它們不像人類，沒有鼻子、沒有嗅神經，也沒有大腦，卻真的能感測到空氣中某些揮發性化學物質，並且有所反應，以自己的方式「聞到」味道。植物，真的沒那麼簡單！ 科

作者簡介

張亦葳 臺灣師範大學生物系畢業、美國麻州波士頓學院教育碩士，曾經是國高中生物老師，喜愛文字、科學和所有美好的人事物，相信生命的無限可能。

這些味道植物聞得到

國中生物教師　謝璇瑩

主題導覽

　　動物有感官可以接收外界各種刺激並產生反應，那植物呢？植物可以感受到光線、向光生長，也能感受到日夜變化進行睡眠運動，甚至感應昆蟲到來並捕捉昆蟲！那植物能聞到氣味嗎？我們如何證明植物能聞到什麼樣的氣味？聞到氣味這件事又對植物有什麼意義？

　　〈這些味道植物聞得到〉告訴我們植物如何「聞到」氣味，以及聞到氣味對植物的生存有何意義。閱讀完文章後，可以利用「挑戰閱讀王」了解自己對文章的理解程度；「延伸知識」中補充了植物攝入氣味分子的構造、植物激素乙烯和植物聽聲音的介紹，可以幫助你更深入的探索植物。

關鍵字短文

　　〈這些味道植物聞得到〉文章中提到許多重要的字詞，試著列出幾個你認為最重要的關鍵字，並以一小段文字，將這些關鍵字全部串連起來。例如：

關鍵字：1. 植物的感知　2. 寄生　3. 乙烯　4. 警戒費洛蒙　5. 演化

短文：植物的感知能力除了針對外界光線和溼度的變化以外，還能「聞到」空氣中的某些化學物質！寄生的菟絲子可以利用氣味尋找自己偏好的寄主植物；乙烯可以催熟水果；還有植物在遭受蟲害時可以分泌警戒費洛蒙，讓周遭的健康植株一起分泌抗蟲的物質。植物「聞到」氣味的能力在演化上有助於植物存活得更好。

關鍵字：1.＿＿＿＿　2.＿＿＿＿　3.＿＿＿＿　4.＿＿＿＿　5.＿＿＿＿

短文：＿＿＿＿＿＿＿＿＿＿＿＿＿＿＿＿＿＿＿＿＿＿＿＿＿＿＿＿＿＿

＿＿＿＿＿＿＿＿＿＿＿＿＿＿＿＿＿＿＿＿＿＿＿＿＿＿＿＿＿＿＿＿＿＿＿

＿＿＿＿＿＿＿＿＿＿＿＿＿＿＿＿＿＿＿＿＿＿＿＿＿＿＿＿＿＿＿＿＿＿＿

＿＿＿＿＿＿＿＿＿＿＿＿＿＿＿＿＿＿＿＿＿＿＿＿＿＿＿＿＿＿＿＿＿＿＿

挑戰閱讀王

看完〈這些味道植物聞得到〉後，請你一起來挑戰以下題組。

答對就能得到👍，奪得 10 個以上，閱讀王就是你！加油！

☆菟絲子是一種寄生植物，它沒有葉綠素，不能進行光合作用自行製造養分。為了維持生命，菟絲子會利用莖來纏繞宿主植物，然後把莖上的吸器伸進宿主植物莖的韌皮部，不斷吸取其內含糖的液體，供自己利用。

（　）1.依據敘述，植物進行光合作用必須具備下列何者？

　　　（答對可得到 1 個👍哦！）

　　　①莖　②韌皮部　③吸器　④葉綠素

（　）2.菟絲子需要從寄主植物吸取養分的原因為何？（答對可得到 1 個👍哦！）

　　　①無法進行呼吸作用　②無法進行光合作用

　　　③為了進行呼吸作用　④為了進行光合作用

（　）3.從文章推測，植物進行光合作用最重要的原因是為了獲得何種物質？

　　　（答對可得到 1 個👍哦！）

　　　①葉綠素　②氧氣　③糖　④水分

☆科學家德摩賴斯觀察菟絲子尋找寄主的過程，發現如果菟絲子旁邊長了顆番茄，菟絲子會很快往番茄方向彎曲、生長。根據觀察，他認為菟絲子可以聞出番茄在哪裡。為了驗證這個想法，他做了幾個實驗，其中一個是在菟絲子的兩側各放了番茄和小麥盆栽，就算放的距離一樣遠，菟絲子仍毫不猶豫的往番茄生長。

（　）4.根據德摩賴斯的觀察，「他認為菟絲子可以聞出番茄在哪裡」括號中這句話屬於科學方法的哪個步驟？（答對可得到 1 個👍哦！）

　　　①觀察　②提出問題　③假設　④尋找資料

（　）5.文章中提到實驗做法「放的距離一樣遠」，屬於下列哪個變因？

　　　（答對可得到 1 個👍哦！）

　　　①操作變因　②控制變因　③應變變因　④不變變因。

（　）6.「他分別在菟絲子的兩側各放了番茄和小麥盆栽，就算放的距離一樣遠，
菟絲子仍毫不猶豫的往番茄生長。」只根據這段文字，我們可以得到下列
哪個推論？（答對可得到 1 個👍哦！）
①比起小麥，菟絲子更傾向於往番茄生長
②番茄能釋放出菟絲子喜歡的氣味
③小麥釋放的氣味不受菟絲子喜歡
④菟絲子能聞到食物的味道

☆美國華盛頓大學的羅德斯和奧里恩斯曾經發現，當某一棵柳樹被枯葉蛾的幼蟲啃
咬過，附近其他棵健康柳樹的葉子中所含的酚和單寧物質會增加，讓蟲吃了覺得
不舒服而遠離，因而提高植株對蟲的抵抗力。美國賓州州立大學的昆蟲學家發現，
麒麟草可以偵測雄果蠅用來吸引雌果蠅的費洛蒙，當麒麟草偵測到果蠅的費洛蒙，
就會製造出果蠅不喜愛的物質，以避免交配後的雌果蠅在自己的莖部產卵。請根
據文章回答下列問題。

（　）7.當枯葉蛾幼蟲啃食柳樹時，下列哪個植株葉中的酚和單寧酸會增加？
（答對可得到 1 個👍哦！）
①被啃食的柳樹　②附近的健康柳樹
③遠處的健康柳樹　④所有柳樹葉片中的成分不受影響

（　）8.依據文章內容，下列敘述何者正確？（答對可得到 1 個👍哦！）
①植物能偵測植物或動物釋放出來的氣味
②植物只能偵測植物釋放出來的氣味
③植物只能偵測動物釋放出來的氣味
④植物無法偵測氣味

延伸知識

1. **氣孔**：植物可以透過葉片上的氣孔攝入氣體化合物，例如除蟲菊在受到傷害時可以釋放出某些氣體化合物，附近的除蟲菊經由氣孔攝入這些化合物，就會合成對昆蟲有毒的除蟲菊酯。

2. **乙烯**：這種有機氣體化合物對植物來說，也是種植物激素。植物分解甲硫胺酸（一種胺基酸）的過程中會產生乙烯，所以快速生長和分裂的細胞會產生較多乙烯。除了促進果實成熟，乙烯還會影響莖的粗細及高度；植物遭遇淹水逆境時，會促使乙烯合成，促進不定根和通氣組織發育，度過淹水逆境。

3. **植物聽聲音**：空氣振動會產生聲波，研究顯示植物可以感受到振動，也就是說植物可以感知聲音。美國密蘇里大學的研究發現，將毛毛蟲吃阿拉伯芥葉子的振動記錄下來，再對阿拉伯芥播放毛毛蟲吃葉子的聲音，結果發現「聽見」咀嚼聲的阿拉伯芥，會分泌更多昆蟲不喜歡的芥子油；其他的聲音如風聲，則沒有促進芥子油分泌的效果。澳洲西澳大學的研究也顯示，植物可以偵測水流的振動，讓根往有水的方向生長。

延伸思考

1. 乙烯是一種植物激素，可以影響植物的生理功能。查查看還有哪些植物激素？它們分別有什麼功能？

2. 除了「聞到」、「聽到」，植物也可以感受觸摸。上網查查看「植物神經生物學」，認識科學家有什麼研究結果。你認為「植物神經生物學」算是新的研究領域嗎？為什麼？

3. 被昆蟲啃食的植物除了可能分泌一些昆蟲討厭的物質，減少自己被昆蟲啃食之外，有些還會分泌氣味分子，吸引食肉昆蟲或鳥類前來吃掉啃食自己的昆蟲。查查看植物分泌的氣味還有哪些功能，選一項你覺得最有趣的，與親朋好友分享。

遺臭萬年？
糞化石

糞便也能變化石？不只如此，還可以從這種化石
的內含物，得知古生物的飲食習慣喔！

撰文／鄭皓文

繪圖：曾建華；圖片來源：達志影像

糞化石是由很硬的糞便形成的嗎？當然不是！不過糞便也能變化石嗎？答案是肯定的。根據化石的定義：只要是保存在地層中的古代生物遺體或遺跡，都可稱為化石。所以古代生物活動時留下的腳印或爬痕、排出的糞便，甚至挖掘或居住的洞穴，只要能在地層中保存下來，我們都稱為「生痕化石」。糞化石正是典型的生痕化石。

糞化石臭不臭？

話說回來，大家印象中那「軟軟溼溼」的糞便，怎麼會變成堅硬無比的石頭呢？其實這也不是多神奇的事，而是取決於「保存條件」和「機率」！糞便和生物遺體一樣，大部分會被其他生物利用或微生物分解，最後逐漸風化成為塵土的一部分，重新進入大自然物質的循環過程。但若這一坨「黃金」中了「樂透」，「誕生」在一個非常幸運的環境，比如異常乾燥的地方，或是很快被泥沙掩埋，因而進入極度缺氧及隔絕微生物的狀態中，那麼這坨糞便在被分解利用、導致外型崩解之前，周遭的沉積物就有可能逐漸固化，因而保存了糞便的外型，原理正如同石膏「鑄模」一樣！

在接下來漫長的歲月中，就算糞便本身逐漸分解消失，留下的空間也會漸漸被地下水夾帶滲入的礦物質取代，再加上原先殘留的礦物質或無機鹽類，有可能重新結晶石化，這個過程稱為「礦化」。換句話說，糞便真的變成了石頭，而且此時裡面的成分也已不

翻轉

◄美國侏儸紀（1億4800萬年前）的恐龍糞便化石，長約18公分。它只是一塊截角，推測完整的糞化石體積應該要大很多。下圖是切面拋光打磨後，可看到因瑪瑙化所呈現的美麗顏色與花紋。

是糞便當初所含的物質，而是被新的礦物質重新置換取代了。

這些保存了糞便外型的石頭，如果因為地層風化變動或人類的挖掘而重見天日，就成為「糞化石」。所以糞化石大致上都保留了當初的形狀，看起來的確會讓人望而卻步，但它是否會遺「臭」萬年呢？相信大家心中已有答案！

糞化石透露的事

糞化石雖然看起來有點噁心，卻是許多科學家心目中的寶貝！原因在於透過對糞化石的深入研究，可以發現許多有關古代生物的生態線索。

例如透過對糞化石內含物的分析，可直接證明排出此糞便的動物食性。以往科學家對古代動物食性的研究，主要根據口部、牙齒形式，還有爪子等身體構造所做出的間接判斷，但從暴龍的糞化石中發現許多動物的骨骼碎片，可以直接證明牠是肉食性動物。

另一個例子發生在南美洲，科學家在某處洞穴中發現了一批約20萬年前的土狼糞化石。在溶解分析這些糞化石後，竟然發現原始人類的毛髮；據推測，這些毛髮應屬於當時居住在此地的海德堡人所有。只不過當時此人是不幸遭土狼獵殺，或是死後遺體才遭土狼啃食，就不得而知了。

2014年在中國遼西地區出土一塊保存精緻的新種翼龍化石，為糞化石的學術貢獻再添一樁。因為在這隻翼龍化石岩板上，伴隨許多糞化石，其中包含不少清晰可見的魚類骨骼碎片，直接證實以往科學家對大部分翼龍食性的推測：從翼龍的嘴型及牙齒構造判斷，這些翼龍應該是以魚類為主食。而這些新發現的糞化石，顯然是最直接的證據！

糞化石中有「黃金」？！

除了學術研究，糞化石也有商業開發的價值。糞化石的組成礦物主要是磷酸鹽、碳酸鈣或矽酸鹽類，所以在醜陋的外表下，其實

▲馬達加斯加第三紀始新世（3800萬年前）的龜類糞化石，長約八公分。糞便「礦化」後含有大量氧化鐵，呈現紅褐色。

這是誰的大便？

如何判斷糞化石的「主人」是何種動物呢？最直接的證據當然是來自化石挖掘的現場。若伴隨某種動物的化石，就是最好的在場證明，但這樣理想的情況，如同要抓到犯罪的現行犯一樣，機率很低。

不過若是糞化石在某些特定環境被發現，也能提供一些線索，例如螃蟹所挖的地道常被泥沙填充而形成另類生痕化石，俗稱「砂棒」。因此在這附近發現糞化石，便能推敲出主人的身分。若環境無法進一步提供有利線索，只好從留下的證物抽絲剝繭。首先是從糞化石的大小與外型，比對現生動物是否有類似的排遺，再來看看能否從糞化石的內含物中，找到可歸類的食性，例如其中若含有大量骨骼碎片，主人應該是肉食性動物。

讀到這裡，你發現了嗎？古生物學的研究，是不是頗像CSI科學鑑識辦案呢！

隱藏了美麗的「內在」。許多恐龍的糞化石切開後，裡面是五顏六色的瑪瑙，經打磨拋光後可做成各式各樣美麗的飾品。現代人戴個鑽石項鍊不稀奇，如果將來有人告訴你，他的項鍊墜子是「恐龍大便」做的，那才真夠酷呢！

或許你更難想像：糞化石的商業利益甚至大到影響整個城市。在19世紀的英國有座小城市，因鄰近山丘發現了大量糞化石而興起。當地居民開採這些糞化石後，利用強酸將化石溶解，然後收集磷酸鹽類，這在當時可是值錢的肥料來源。當然，後來隨著近代化學肥料問世，這樣的產業也隨之沒落。不過凡走過必留下痕跡，當地還保留了當時最繁華的街名——「糞化石大街」唷！科

恐龍大便時剛好火山爆發而被埋住，這樣就知道是誰的大便啦！

有那麼巧？那恐龍被挖出來的姿勢……真是不敢想像。

繪圖：曾建華　攝影：鄭皓文

鄭皓文　臺中市東峰國中生物老師，熱愛古生物，蒐藏了近百件古生物化石，在生物課堂上讓學生賞玩，生動活潑的教學方式深受學生喜愛。

遺臭萬年──糞化石

國中生物教師　江家豪

主題導覽

化石有很多種類，除了遺骸本身可以形成化石，古生物生存留下的痕跡，如爬痕、巢穴、腳印，甚至糞便，也都能形成化石，這種化石一般稱為生痕化石。遺骸形成的化石可以推敲出古生物的樣貌，生痕化石則用來推測古生物的生活習性。其中糞便化石可以讓我們得知古生物吃了些什麼，牠和當時其他的古生物又存在什麼互動關係，透過推敲聯想，古生物互動的畫面得以呈現。

〈遺臭萬年──糞化石〉介紹了糞便化石的形成和礦物成分，並說明如何透過糞便化石來推敲古生物的食性。閱讀完文章後，你可以利用「挑戰閱讀王」了解自己對文章的理解程度，並檢測你對糞化石是否有充分的認識。

關鍵字短文

〈遺臭萬年──糞化石〉文章中提到許多重要的字詞，試著列出幾個你認為最重要的關鍵字，並以一小段文字，將這些關鍵字全部串連起來。例如：

關鍵字：1. 糞化石　2. 生痕化石　3. 生態線索　4. 食性

短文：除了常見的遺骸化石之外，古生物的糞便若遇到適合的環境，經過礦化之後也能成為化石，稱為「糞化石」，糞化石和腳印、巢穴等古生物生存遺跡形成的化石，可歸類為生痕化石。透過生痕化石的研究，可以提供考古學家推知古生物習性的生態線索，諸如食性、與其他古生物的互動關係等。透過各種化石研究所得到的訊息，我們可以試著還原古代地球的生態樣貌。

關鍵字：1.＿＿＿＿　2.＿＿＿＿　3.＿＿＿＿　4.＿＿＿＿　5.＿＿＿＿

短文：＿＿＿＿＿＿＿＿＿＿＿＿＿＿＿＿＿＿＿＿＿＿＿＿＿＿＿＿＿＿＿

＿＿＿＿＿＿＿＿＿＿＿＿＿＿＿＿＿＿＿＿＿＿＿＿＿＿＿＿＿＿＿＿＿

＿＿＿＿＿＿＿＿＿＿＿＿＿＿＿＿＿＿＿＿＿＿＿＿＿＿＿＿＿＿＿＿＿

挑戰閱讀王

看完〈遺臭萬年——糞化石〉後，請你一起來挑戰以下題組。

答對就能得到👍，奪得 10 個以上，閱讀王就是你！加油！

☆根據文章的描述，回答下列關於糞化石的問題。

（　　）1.關於糞化石的相關敘述，何者正確？（答對可得到 1 個👍哦！）

　　　　①具有濃厚的臭味　②可推測古生物的食性

　　　　③潮溼環境下較容易形成　④只有恐龍的糞便較易形成化石

（　　）2.若在糞化石中發現動物的骨骼碎片，可以做出下列何種推論？

　　　　（答對可得到 2 個👍哦！）

　　　　①該生物曾經和其他動物打鬥　②該生物為肉食性動物

　　　　③該生物有消化道疾病　④該生物必定是恐龍

（　　）3.下列何者不是考古學家用來推測「糞化石的主人是何種生物」的方法？

　　　　（答對可得到 1 個👍哦！）

　　　　①糞化石旁邊剛好是古生物的遺骸化石

　　　　②將糞化石的大小和形狀拿來與現有生物的糞便比對

　　　　③利用糞化石附近的痕跡化石推測

　　　　④透過糞化石所散發的氣味進行比對

（　　）4.下列哪一種線索無法用來推論古生物的食性？（答對可得到 1 個👍哦！）

　　　　①古生物的牙齒化石　②古生物的口部構造化石

　　　　③古生物骨骼化石的數量　④古生物的糞化石成分

☆一般我們所知道的化石大多由生物的遺骸形成，包含沉積岩化石、琥珀化石和冰
　凍化石，然而化石未必都來自生物遺骸，生物留下的足跡、巢穴，甚至糞便，也
　有可能形成化石，這些化石記錄了古生物的生存痕跡，稱為生痕化石。生痕化石
　提供我們古生物的生活習性線索，這些訊息和遺骸化石提供的資訊互補，讓我們
　對古生物的全貌有更完整的認識。

（　　）5. 下列何者不屬於生痕化石？（答對可得到 1 個👍哦！）

　　　　①恐龍的腳印　②琥珀中的昆蟲　③始祖鳥的糞便　④迅猛龍的巢穴

（　　）6. 關於生痕化石的敘述何者正確？（答對可得到 1 個👍哦！）

　　　　①是由生物的遺骸所形成　②可用來推測古生物的生活習性

　　　　③三葉蟲是一種生痕化石　④是古生物打鬥時留下的傷痕所形成

☆一般而言，化石具有四大功能：

　一、推測古生物的樣貌：化石最直接的功能是可以證明一種古生物曾經存在，我
　　　們可以透過化石勾勒出牠的樣貌。

　二、推測該地層當時的環境：某些生物對環境要求嚴苛，如珊瑚或貝類，多生存
　　　在淺海區域，若在山區發現牠們的化石，可以推測這個地區曾經在海洋中，
　　　並且因為地殼變動而露出水面。

　三、反推地層的形成年代：當我們確立某些生物化石只在特定地層中大量出現，
　　　且保留完整，這樣的化石可稱為標準化石。例如古生代的三葉蟲、中生代的
　　　恐龍等，當我們發現這類化石，也可以由這些化石得知岩層的形成年代。

　四、推知生物的演化歷程：當我們在不同地層中發現同一物種的系列化石，將這
　　　些化石依序排列，可以知道這種生物的演化歷程。最著名的例子就是馬的系
　　　列化石，讓我們知道馬的體型原本較小，後來漸漸演化得較為高大；腳趾頭
　　　原本有四趾，慢慢演化成現在的單趾。透過這些化石證據的推測，我們對於
　　　物種的演化歷程更有依據。

（　　）7. 在臺灣山區的岩石中，常常可以發現貝類的化石，根據這個現象可以做何
　　　　種推測？（答對可得到 1 個👍哦！）

　　　　①古代的貝類生活在陸地上　②曾經有原始人在山區吃貝類

　　　　③此地層曾經位在海洋中　④有人把貝類化石帶到此處丟棄

（　　）8. 下列何者是化石能提供的訊息？（答對可得到 1 個👍哦！）

　　　　①古生物的樣貌　②古生物的叫聲

　　　　③古生物的求偶方式　④古生物的體色

（　　）9.有關馬的演化歷程，下列敘述何者正確？（答對可得到2個🍃哦！）

　　　　①馬的形態是固定的，不會發生演化

　　　　②馬的體型演化是由大到小

　　　　③馬的腳趾演化是由四趾到單趾

　　　　④馬是因為和其他物種雜交才發生演化

延伸知識

1.**食性分析**：分析野生動物的食性，除了親眼目睹或利用監視器監控外，採集糞便進行分析是更常用的方式。採集到糞化石也可做為古生物食性分析的工具。

2.**糞化石的形成環境**：要形成糞化石並不容易，首要條件是避免糞便腐爛，因此相對乾燥或缺氧的環境，較能阻絕微生物的滋生，有利於糞化石形成。

3.**糞化石擺飾**：有些糞化石中的礦物經過拋光打磨後，會呈現獨特的色彩，某些收藏家會將它們收藏作為擺飾，別有景緻。

延伸思考

1.許多糞化石很難一眼辨識出是「糞便」，上網搜尋看看，考古學家如何判定一個化石是糞化石？

2.你認為糞化石值錢嗎？上網搜尋看看是否有商家在販售？售價大概是多少？

3.在家附近晃晃，發現了哪些動物的糞便呢？如果可以，試著將糞便打散，觀察、推測一下這種生物的食性。

4.有些糞化石切面會呈現漂亮的色彩，查查看是哪些礦物呈現的光澤？

5.上網看看這則關於「維京海盜巨糞化石」的報導（bit.ly/3iy8L45），你認為報導內容正確嗎？有沒有讓你覺得懷疑的地方？

一刀入魂的隱武者 螳螂

窸窸窣窣，是誰跟著枝葉在風中搖曳？
咕溜咕溜，是誰張大著眼看個仔細？
戰戰兢兢，是誰緊握著拳等待出擊？

撰文／翁嘉文

偌大的倒三角頭顱，膨大的雙眼、纖細的身軀與異形手臂，一切都顯得詭譎。喀嚓喀嚓，像是跳著機械舞一般，牠詭異的轉動著上寬下窄的頭顱；但不論哪個角度，眼睛卻還是直盯著你不放，盯得你心裡發寒。

手裡的雙刃是牠最囂張的武器，隱匿在暫時的居所，牠靜靜的等待，等待茁壯、等待愛情、等待生命的到來。牠是一刀入魂的隱武者、模仿界的天才，牠是螳螂。

螳螂除了具有能夠自由轉動的頭顱、偵測天敵的耳朵，更有一雙令人聞風喪膽的前足，讓牠們除了捕食獵物外，更可以拿來嚇唬敵人或是跟同伴打招呼。人人耳熟能詳的「螳臂擋車」這句成語，就屬螳螂最常見的行為語言了。究竟這位隱武者還有多少神祕面紗沒有被揭露呢？讓我們接著看下去！

隱武者祕密大公開

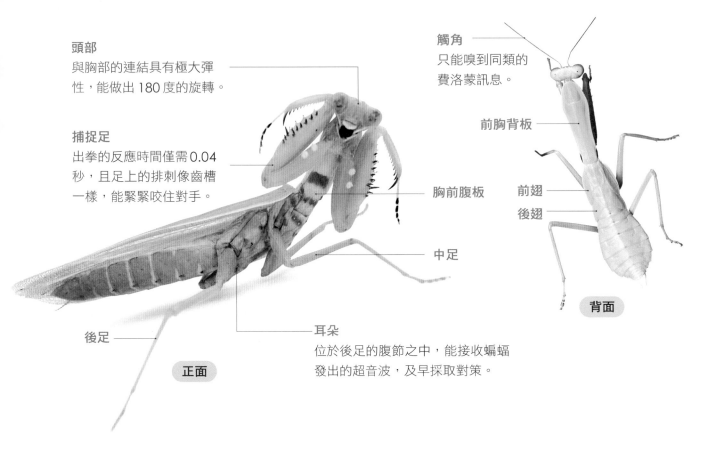

頭部
與胸部的連結具有極大彈性，能做出 180 度的旋轉。

捕捉足
出拳的反應時間僅需 0.04 秒，且足上的排刺像齒槽一樣，能緊緊咬住對手。

觸角
只能嗅到同類的費洛蒙訊息。

前胸背板

胸前腹板

前翅
後翅

中足

後足

耳朵
位於後足的腹節之中，能接收蝙蝠發出的超音波，及早採取對策。

正面

背面

眼觀四面，耳聽八方

　　相較於其他昆蟲，螳螂頭部與胸部之間的連結富有極佳的彈性，因此能夠做出 180 度的大幅旋轉，讓牠隨時注意周遭環境的變化，這個特點在弱肉強食的社會中，絕對是一大優勢。

　　但眼睛可就不一樣了，位在螳螂頭部兩側的一對複眼是由許多六角形的小眼所組成，它們不能任意轉動，但因為異常膨大，兩側視野有部分區域重疊，如此一來牠們便成為少數幾種擁有立體視覺的昆蟲，能夠更準確的計算出目標物所在位置。這對於高度仰賴視覺來進行捕食的螳螂而言，絕對是如虎添翼的好技能。另外，與身處極地的馴鹿一樣，螳螂也自備變色鏡片：白天時，複眼顏色通常與身體顏色相近；夜晚時，眼睛內的色素會集中到眼睛最外層，使眼睛轉為深黑色，有利牠們在黑暗中飛行、覓食與生存。還有別忘記螳螂頭上的三個單眼，雖然它們對於立體視覺使不上力，但是對於光照強度相當敏感，能適時對環境的陰影、亮度做出反應，對於野外求生可是大大的加分！

　　螳螂更常被人津津樂道的是牠們的聽覺能力。大部分的昆蟲只能感受到空氣振動，但是螳螂偷偷將一只耳朵（沒錯，只有一只）藏於後足所在的腹節之中，這只耳朵可以聽

圖片來源：達志影像；繪圖：HOM 的遊樂園

見蝙蝠高亢的超音波；好比內建的蝙蝠警報器，在夜晚獵食的旅程裡，提醒自己何時應該耍耍高速衝刺、緊急墜落的特技來迴避危險，堪稱重要的保命符！

但是螳螂能生存在這殘酷的世界上，絕不單單只靠防守。

令人聞風喪膽的雙刀流

雖說螳螂生性害羞，鮮少大張旗鼓的發動攻勢，僅以伏擊招數闖蕩食物鏈之間，但胸前那對「假謙卑的」捕捉足，搭配次次手到擒來的戰績，真不愧有隱武者的稱號。

這兩副刀劍是螳螂重要的獵食武器，平時像是在祈禱一般置於胸前，要是有獵物一不小心落入了牠的「劍圍」，只需要 0.04 秒的時間，牠便能高速彈出雙臂，然後重重下壓、牽制住獵物；一旦獵物掙扎、反抗，捕捉足上的排刺會相互對應，就像是齒槽那樣子彼此鑲嵌，咬合得更加緊密，讓獵物無法逃脫。

大抵而言，肉食性的螳螂多以昆蟲為食，舉凡果蠅、蟋蟀、蝗蟲、蜜蜂、蝴蝶等，都是牠們日常的美味餐點；但對於體型大小可以負荷、剛好路過眼前的小鮮肉，牠們也是來者不拒，像蜥蜴、壁虎、青蛙、蜂鳥等脊椎動物，甚至是師出同門的小螳螂，也是螳螂的隱藏菜單。

來無影去無蹤，鮮少失手，再加上牠們六親不認，無怪乎這「雙刀流」的名號在昆蟲界如此響亮。

為什麼我們從任何角度都會被螳螂盯上？

因為螳螂小眼的數目太多了。無論我們怎麼閃躲，都能夠看到相對應的小眼，進而誤把小眼底部的黑色素認成了螳螂的瞳孔，才會有種受螳螂監控的錯覺。

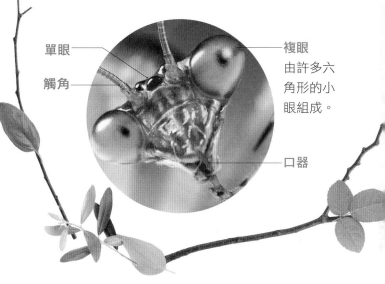

單眼 ─
觸角 ─

─ 複眼
由許多六角形的小眼組成。

─ 口器

「螳」兄弟姊妹

你知道嗎？跟螳螂親緣關係最近的竟然是遠古生物：「蟑螂大大」！而同樣擁有三角形頭顱、膨大複眼以及鐮刀狀捕捉足的螳蛉，雖然與螳螂外表神似，但外觀只是因應生活的趨同演化，其實兩者親緣關係相差甚遠，真的是很神奇！

兄弟，技巧不錯嘛！
不愧是一家人！

認錯啦！我才是你的大哥啊！

螳螂　螳蛉

蟑螂

隱武者的愛恨情仇

螳螂的前足主要為捕食之用，但由於過於壯碩的頭胸部，常常讓螳螂重心向前傾，螳螂走起路來因此顯得踉踉蹌蹌，相當不穩。雖說螳螂也能仰賴飛行，但對於腹部膨大的母螳螂來說，行走才是主要的活動方式，加上身形上種種的限制，讓螳螂在路上的行動意外緩慢。若是不幸遇上天敵或威脅，無處可躲或是逃不遠，螳螂便會舉起雙臂、張開翅膀以及嚇人的口器，一來增加表面積，假裝自己塊頭很大；二來螳螂靜止不動的模樣也許能使一些未曾碰過螳螂的敵人受騙，懷疑牠帶有毒性才敢毫不躲藏而不敢食用（原來昆蟲的內心戲這麼多）；還有一些螳螂的腿節內側或翅膀上具有亮眼的圖案或色塊，能夠模擬其他具攻擊性的物種，或是轉移敵人目標。總之，螳螂擅長利用以靜制動的威嚇舉動來嚇跑敵人。但若不幸遇到對螳螂虛張聲勢的招數瞭若指掌的對手，一命嗚呼可能就是無法避免的結局了。

除了威嚇作用以外，向來獨來獨往的螳螂常因為強烈的領域性，而無視對方是否為兄弟姊妹，一見面立刻來場廝殺；但東南亞有種拳擊小螳螂沒有這種困擾，牠們利用鮮豔的腿節內側打旗語，告訴對方「本是同根生，相煎何太急」，避免同類相食的悲劇，真是聰明！

死了都要愛

說到同類互食的慘劇，母螳螂與公螳螂的愛情故事絕對可以排上前幾名。以生活在熱帶區域的螳螂為例，繁殖季節大約在秋天，這個時期的母螳螂會使出渾身解數，釋放出

怎麼辨別螳螂的公母？

要辨別螳螂的公母，依不同種類，難易程度也不一樣。公螳螂體型比母螳螂瘦小一點，但公螳螂的觸角因為有求偶需求，比母螳螂來得長且粗，才能隨時接收異性的費洛蒙。另外，公螳螂有八節腹節，母螳螂只有六節腹節。

大巨腿螳公螳螂的腹節數是八節。

大巨腿螳母螳螂的腹節數是六節。

攝影：黃仕傑；繪圖：HOM 的遊樂園

薄翅螳螂的母螳螂在交配途中，轉頭攝食公螳螂。

母螳螂

公螳螂

濃烈的費洛蒙，吸引無法抗拒的公螳螂前來求愛。一開始，公螳螂會跟在母螳螂的身後，透過觸角訴說愛意，若母螳螂沒有明顯的反抗動作，公螳螂會小心翼翼的緩步向前，然後倏的跳躍到母螳螂背上，繼續以觸角及捕捉足輕觸心儀對象。待時機成熟，便緩緩將腹部向下彎曲，與母螳螂進行交配。依照種類不同，交尾的時間也會不同，短至幾分鐘到數小時，也曾有長至數天的紀錄。而就在公螳螂歡欣的留下自己基因的那時刻，愛情的考驗才要開始。母螳螂一個不經意的轉頭，公螳螂要是一時恍神忘記閃躲，喀滋一聲，公螳螂的生命就成為下一代最珍貴的營養補品。母螳螂會從頭部開始，將公螳螂緩緩啃食，一直品嘗到腹部才停止。咦？沒有了頭的公螳螂還能努力不懈的繼續與母螳螂交配，而且好像更加起勁，真是好詭異的畫面呀！

這是因為昆蟲的神經並不像我們是由中樞神經集中管理，所以沒有了頭並不會喪失正常的生理作用。螳螂在各個體節內都有神經叢，像各個地方政府，可以針對不同位置、功能做調控。因此即使沒有了大腦，移動等

行為都還能運轉，但有些需要統整訊息才能處理的感知，像是溝通，還是得依靠大腦整合後才能做決定。有趣的是，母螳螂吃掉的大腦，在生殖方面是扮演抑制交配的角色，而控制交配的神經則位在腹部。因此，當大腦遭吞食後，抑制交配的阻力連帶消失，沒有頭的公螳螂似乎更加賣力。

然而，雖然母螳螂於交配時吃掉公螳螂頭部的淒美愛情故事經常上演，但在目前世界上約 2400 種螳螂之中，並非每一種公螳螂在交配時都會小命不保，有前例可循的螳螂種類也並非在交配後都會出現開「螳」手。吃與不吃，沒有一定的規則，這正是生命最令人驚奇的地方。

螳螂的一生

以臺灣大齒螳為例，剛出生的螳螂為一齡若蟲，外貌酷似螞蟻。

三齡到六齡的若蟲身上漸漸呈現橘黑色。

最後一次的蛻皮稱為「羽化」。

變為成蟲，也就是大家熟悉的綠色外貌。

PRO級保溫箱

螳螂跟螢火蟲、蚊子以及蝴蝶一樣都是昆蟲，擁有堅硬的幾丁質外骨骼，只是牠屬於不完全變態，別跟其他昆蟲搞混了！螳螂蛻皮次數依照種類而有所不同。小時候螳螂的外型與螞蟻很像，直到最後一次蛻皮（稱為羽化）後，螳螂才正式成為成蟲。

一般螳螂在羽化後需要等待約 10 天，才會尋找伴侶交配。在經歷愛的大冒險之後，母螳螂會在 5 到 20 天後開始產卵，同時搬家到合適的位置，做為新生命的溫床。牠會以倒立的方式，掛在具有遮蔽性的物體邊，接著有規律的擺動腹部，將生殖器腺體分泌出的特殊泡沫狀膠質，輕輕沾附在產卵處，

然後把將卵粒有秩序的排列在黏液上，並鋪上黏液包裹住卵，之後重複相同的動作，像做千層派一樣；最後，泡沫狀的膠質硬化，層層堆疊的卵粒形成海綿狀的螵蛸。螵蛸裡每顆卵都有專屬的小房間。整個精細的產卵過程，需耗時二至五小時左右，是很耗費體力的工作。

螵蛸的顏色、形狀及卵粒數目（數十到數百顆）會因螳螂種類不同而有所差異，但功能相似，是既能調控溫度及溼度，又能提供保護與養分的專業級保溫箱！多虧了這個保溫箱，螳螂寶寶們得以在裡頭越過寒冬，並在隔年的春天孵化：通常會有一、兩隻做為

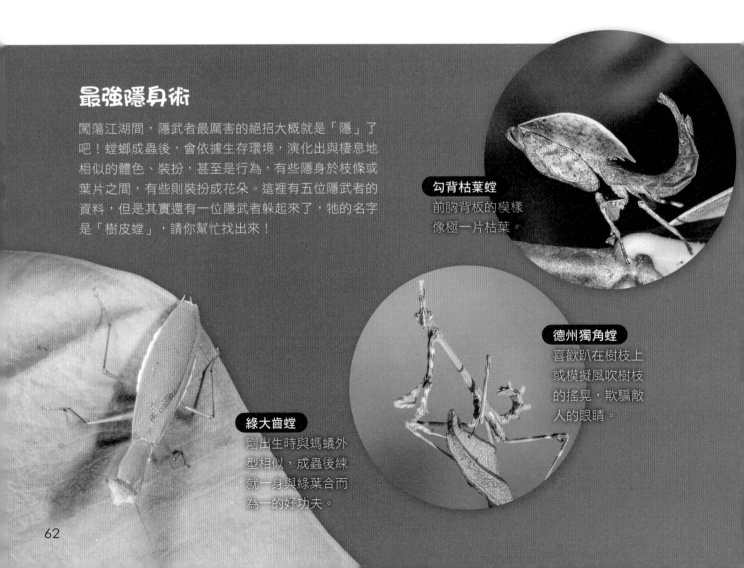

最強隱身術

闖蕩江湖間，隱武者最厲害的絕招大概就是「隱」了吧！螳螂成蟲後，會依據生存環境，演化出與棲息地相似的體色、裝扮，甚至是行為，有些隱身於枝條或葉片之間，有些則裝扮成花朵。這裡有五位隱武者的資料，但是其實還有一位隱武者躲起來了，牠的名字是「樹皮螳」，請你幫忙找出來！

勾背枯葉螳
前胸背板的模樣像極一片枯葉。

德州獨角螳
喜歡趴在樹枝上或模擬風吹樹枝的搖晃，欺騙敵人的眼睛。

綠大齒螳
剛出生時與螞蟻外型相似，成蟲後練就一身與綠葉合而為一的好功夫。

先鋒，接著大多數會一起孵出。螳螂寶寶破除螵蛸爬出時，模樣很像小魚苗。牠們的腹板腺體會分泌出絲狀物纖維，讓牠們以倒立姿勢懸掛於螵蛸而後墜下，並迅速蛻下生平第一次的外骨骼，稱為胎衣。接下來，牠們便能自在爬行、覓食，獨自闖蕩於江湖。

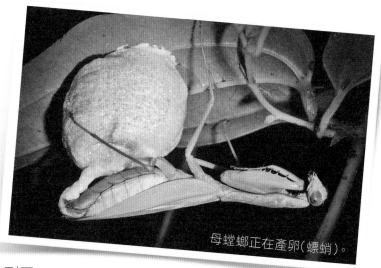
母螳螂正在產卵（螵蛸）。

母螳螂只要交配一次，就有機會產下四到五個成功受精的螵蛸，但是沒有受精成功或未交配的母螳螂，也可能產下螵蛸！產卵的過程常讓母螳螂精疲力盡，導致牠產卵後不吃不喝，因而結束短短的一年蟲生，這是常見的結局。當一隻螳螂，還真是不容易啊！ 科

作者簡介

翁嘉文　畢業於臺大動物學研究所，並擔任網路科普社團插畫家。喜歡動物，喜歡海；喜歡將知識簡單化，卻喜歡生物的複雜；用心觀察世界的奧祕，朝科普作家與畫家的目標前進。

蘭花螳
若蟲轉為成蟲後，外型與蘭花極為相似，中後足有花瓣狀突起。

眼鏡蛇枯葉螳
枯葉是牠最好的偽裝。

圖片來源：達志影像、嘎嘎（綠大齒螳、樹皮螳）

一刀入魂的隱武者──螳螂

國中生物教師　謝璇瑩

主題導覽

你看過昆蟲中最勇猛的捕食者「螳螂」嗎？你聽過母螳螂在交配時會把公螳螂的頭咬掉，但即使如此公螳螂還是可以繼續交配的說法嗎？〈一刀入魂的隱武者──螳螂〉介紹了螳螂的身體構造如何使牠成為蟲中最勇猛的捕食者，也說明螳螂的交配行為到底是怎麼一回事，還讓我們了解螳螂如何度過牠的一生。閱讀完文章後，你可以利用「挑戰閱讀王」檢視自己對文章的理解程度；「延伸知識」中補充了費洛蒙、趨同演化和動物性食的行為，可以幫助你更深入了解。

關鍵字短文

〈一刀入魂的隱武者──螳螂〉文章中提到許多重要的字詞，試著列出幾個你認為最重要的關鍵字，並以一小段文字，將這些關鍵字全部串連起來。例如：

關鍵字： 1. 昆蟲　2. 感官　3. 捕食　4. 偽裝　5. 生殖行為

短文： 螳螂是肉食性昆蟲，擅長以伏擊的方式捕食其他昆蟲。靈敏的感官（如螳螂的立體視覺）以及隨著種類與棲息地不同的高明偽裝，都是協助螳螂捕食的利器。最令人感興趣的是牠們的生殖行為，某些種類的母螳螂在交配時會把公螳螂吃掉，產卵時還會製造能調控溫溼度的螵蛸，保護卵越過寒冬。

關鍵字： 1.＿＿＿＿　2.＿＿＿＿　3.＿＿＿＿　4.＿＿＿＿　5.＿＿＿＿

短文： ＿＿＿＿＿＿＿＿＿＿＿＿＿＿＿＿＿＿＿＿＿＿＿＿＿＿＿＿＿＿

＿＿＿＿＿＿＿＿＿＿＿＿＿＿＿＿＿＿＿＿＿＿＿＿＿＿＿＿＿＿＿＿

＿＿＿＿＿＿＿＿＿＿＿＿＿＿＿＿＿＿＿＿＿＿＿＿＿＿＿＿＿＿＿＿

＿＿＿＿＿＿＿＿＿＿＿＿＿＿＿＿＿＿＿＿＿＿＿＿＿＿＿＿＿＿＿＿

挑戰閱讀王

看完〈一刀入魂的隱武者——螳螂〉後，請你一起來挑戰以下題組。

答對就能得到👍，奪得 10 個以上，閱讀王就是你！加油！

☆螳螂捕食時很依賴視覺，位於螳螂頭部兩側的複眼是由許多小眼所組成，這對複眼不能隨意轉動，但因為它們異常膨大，兩側視野有部分區域重疊，使螳螂成為少數幾種擁有立體視覺的昆蟲，能夠準確計算出獵物的所在位置，使螳螂捕食更容易成功。試著回答下列問題。

（　　）1.螳螂屬於昆蟲，在分類上牠屬於下列哪一門？（答對可得到 1 個👍哦！）
　　　　①環節動物門　②節肢動物門　③棘皮動物門　④脊索動物門

（　　）2.下列哪個不是螳螂具備的特徵？（答對可得到 1 個👍哦！）
　　　　①第一對足特化為螯足　②具有幾丁質外骨骼
　　　　③能用觸角嗅到同類的訊息　④具有三對足

（　　）3.根據上述內容，請判斷螳螂具有立體視覺的主要原因為何？
　　　　（答對可得到 2 個👍哦！）
　　　　①許多小眼組成的複眼　②複眼不能隨意轉動
　　　　③兩側視野有部分重疊　④發達的大腦可進行計算

☆螳螂的繁殖季節大約在秋天，母螳螂會釋放出費洛蒙吸引公螳螂前來。有些種類的母螳螂在交配途中會轉頭攝食公螳螂，頭被咬掉的公螳螂還是能繼續與母螳螂交配，而且好像更加起勁。這是因為螳螂在各體節內都有神經叢，可以針對不同的位置、功能作調控，所以沒有大腦還是可以移動。如果是需要統整訊息的感知，如溝通，則還是需要大腦整合。

（　　）4.根據內文，螳螂如何找到伴侶進行交配？（答對可得到 1 個👍哦！）
　　　　①母螳螂利用鮮豔的體色吸引公螳螂
　　　　②公螳螂分泌費洛蒙吸引母螳螂
　　　　③公螳螂利用鮮豔的體色吸引母螳螂
　　　　④母螳螂分泌費洛蒙吸引公螳螂

（　）5. 下列關於螳螂神經系統的敘述何者正確？（答對可得到 1 個👍哦！）

①沒有頭就會喪失所有生理作用

②大腦會抑制螳螂交配行為

③沒有大腦也可以和其他個體溝通

④每個神經叢都可以取代大腦

（　）6. 小米在網路上看到斷頭蟑螂行走的影片，感到非常驚訝。根據你讀到的文章內容，這個影片是真的嗎？理由是什麼？（答對可得到 2 個👍哦！）

①真的，昆蟲各體節的神經叢能控制部分行為

②假的，昆蟲失去大腦會立刻死亡

③真的，昆蟲不需要大腦也可以正常生活

④假的，昆蟲行走需要由大腦控制

☆螳螂是不完全變態的昆蟲，生活史為卵→若蟲→成蟲。不同種螳螂演化出不同的外觀與行為來適應環境，試著回答下列問題。

（　）7. 關於螳螂生活史的敘述，何者錯誤？（答對可得到 1 個👍哦！）

①螳螂成長的過程中需要蛻皮

②不同種螳螂的成長過程中，蛻皮次數不同

③螳螂不需要化蛹

④母螳螂一次只產一顆卵

（　）8. 下列有關螳螂演化適應的敘述，何者錯誤？（答對可得到 1 個👍哦！）

①蘭花螳的成蟲外觀與蘭花相似

②樹皮螳的體表的顏色與紋路類似樹皮

③眼鏡蛇枯葉螳模擬眼鏡蛇的外觀進行偽裝

④綠大齒螳可隱身於綠葉中

延伸知識

1. **費洛蒙**：費洛蒙是一種生物分泌到體外的化學物質，功能是和同種的其他個體溝通。我們比較熟悉的是雌蛾可以利用費洛蒙吸引雄蛾前來交配。費洛蒙的功能還有警告、追蹤、聚集等。螞蟻可以沿著相同的路線行走，就是藉由偵測同伴遺留下的費洛蒙氣味；有些生物可以藉由散發費洛蒙，警告同伴自己遭遇危險。農業上則會利用昆蟲的性費洛蒙誘捕害蟲，進行生物防治。

2. **趨同演化**：趨同演化是指親緣關係很遠的生物，因為面對類似的生存環境而演化出外型、功能相似的構造。例如魚類和哺乳類的鯨豚都生活在水中，因而演化出流線型的體形。

3. **性食**：有些種類的母蜘蛛或母螳螂會把交配對象吃掉，這種行為稱為性食。根據目前的研究，雌性並非總是會吃掉雄性，而是受到當時情境所影響。雄性蜘蛛或螳螂在面對性食行為時都會盡量逃脫，也不是自願被雌性吃掉。但是當雌性吃掉雄性之後，可以提升後代的存活率，因此性食行為在演化上，對整體族群延續應該是有利的。

延伸思考

1. 選一種你感興趣的昆蟲，上網查詢牠的生活史，說不定會有令人意外的發現！

2. 昆蟲的感官和我們很不一樣，選一個你感興趣的感官（視覺、嗅覺、聽覺等），查查看昆蟲如何感知這個世界。

3. 除了昆蟲以外，其他動物有費洛蒙嗎？查查看不同動物的費洛蒙如何作用。

4. 你知道昆蟲是仿生機械的熱門模仿對象嗎？查查看昆蟲和仿生機械的關係，究竟我們怎麼利用模仿昆蟲，開發出有益人類的發明？

死亡的科學

**我們必須先了解生命是如何運作的，
才能明白死亡是怎麼回事，也才有機會拯救生命。**

撰文／劉育志

這天下午，操場邊的大樹下圍了一群同學，我好奇的探過頭去。

「你們在看什麼呀？」

蹲在地上的文謙抬起頭來，說：「小志醫師，有一隻麻雀死掉了。」

「我們看到牠的時候身體還會動，像在抽搐，但是過沒多久就完全不動了。」威豪補充說明：「牠身上沒有傷口，不知道是怎麼死的。」

文謙說：「我家附近的農田也有很多死麻雀，聽說都是死於農藥中毒。」

「是不是農藥中毒得化驗才會曉得，不過從你們的描述聽起來，的確有這個可能。」我蹲下身子說：「氨基甲酸鹽類農藥是常見的農藥，也會造成大量禽鳥死亡。」

維持生命的條件

「小志醫師，為什麼農藥會把動物殺死呢？」威豪問。

「這是很好的問題。」我說：「這類農藥會影響動物的神經系統，導致心跳變慢、肌肉痙攣、意識昏迷等，並產生大量唾液、分泌物，所以會見到中毒的動物有口吐白沫的現象。」

「吃農藥一定會死嗎？」看起來頗難過的雯琪問。

「如果及時救治，或許有機會活命。在急診室裡偶爾也會遇到這類農藥中毒的患者，

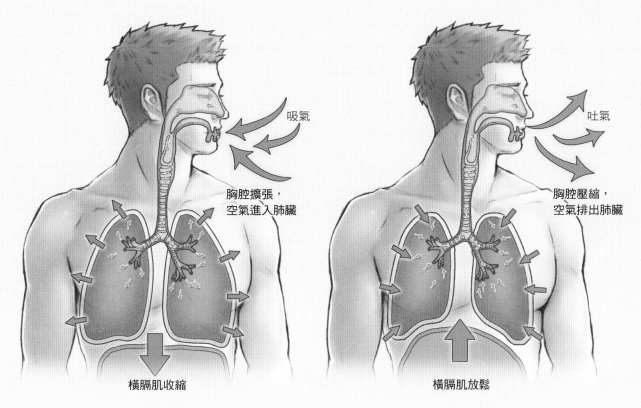

吸氣

胸腔擴張，
空氣進入肺臟

橫膈肌收縮

吐氣

胸腔壓縮，
空氣排出肺臟

橫膈肌放鬆

▲吸氣時，橫膈肌收縮，空氣進入肺臟；呼氣時，橫膈肌放鬆，排出肺臟的空氣。

除了以藥物治療，插呼吸管、使用呼吸器是非常重要的步驟，否則當橫膈肌無法有效收縮，缺氧會使患者在數分鐘內死亡。」我繼續說：「大家一定要記得，維繫生命最重要的東西是氧氣，如果氧氣不足、氣管阻塞或是肺臟無法正常運作，便會在短時間內昏迷、死亡。」

「這我有聽過，一個人可以一整天都不吃飯，但是每一分鐘都需要呼吸。」威豪插嘴說。

「你這個比喻很不錯，但是我要再考考你。食物和水，哪一個對生命比較重要？」我問。

「當然是水比較重要！」文謙搶著回答：

「在沙漠裡如果找不到水源，應該很快就不行了。」

「是的，當我們無法得到充足的水分時，身體會努力留住水分，使尿量減少，但是每一次呼吸都會排出少量水分，皮膚也持續散失水分，於是我們的身體逐漸脫水。脫水會導致體內的鈉離子、鉀離子等各種電解質失去平衡，使人嗜睡、意識模糊。電解質不平衡還可能引發心室顫動，這是種相當致命的心律不整，會讓人在幾分鐘內死亡。過去霍亂大流行時，患者嚴重腹瀉卻沒有辦法補充水分，於是因電解質不平衡，造成大規模死亡。如今可從靜脈輸送營養液，即使不能吃喝，也有機會活命。」

 **正常心電圖**

在正常的心臟中，心室和心房會規律的收縮和舒張，心電圖會呈現週期性的循環。

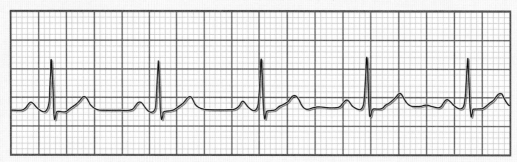

心室顫動的心電圖

心室顫動指的是心室肌肉呈現紊亂不規則收縮，讓心臟無法有效推動血液，此時心電圖呈現不規律的波動。

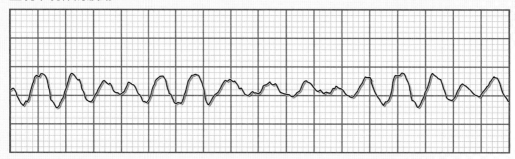

「原來死亡有這麼多學問啊！」頭一次談到關於死亡的話題，威豪聽得津津有味。

「了解死亡的過程，我們才能嘗試介入，並想辦法挽救性命。」我說：「其實只要仔細觀察，會發現大多數死亡都跟剛剛提到的『缺氧』以及『心臟功能』有關。」

「真的嗎？」莉芸似乎有點不相信，「那失血過多的人是怎麼死的？」

「當我們體內血液太少且血壓很低，便無法攜帶足夠的氧氣，大腦、心臟、腎臟等器官處於缺氧狀態，短時間便會受損死亡。」

「小志醫師，聽人家說細菌感染很危險，那細菌感染的人又是怎麼死的呢？」文謙也跟著提出問題。

「我們的血液很溫暖、很營養，對某些細菌來說是超級舒適的生活環境。當細菌在血液裡大量繁殖後，會讓血管舒張，使患者血壓降低，體內器官便得不到足夠的氧氣。敗血症也會破壞血液的酸鹼平衡，進而導致電解質不平衡，然後誘發心律不整，讓心臟失去推動循環的功能。倘若無法及時控制感染，敗血症的死亡率會非常高。」

聽到這裡，威豪若有所思的皺起眉頭。

「你想問什麼？」我問。

「我奶奶患有大腸癌，癌細胞明明長在大腸，為什麼也會讓人死亡呢？」威豪問。

「大腸癌能夠以不同的方法奪走性命。首先，大腸癌患者的大腸容易持續出血，即使

圖片來源：Shutterstock；繪圖：鄭永富

沒有發生明顯血便，也可能讓患者臉色蒼白、嚴重貧血，對體內器官相當不利。隨著大腸癌細胞愈長愈大，會導致腸道阻塞，讓患者持續嘔吐。」

「所以會脫水！」文謙立刻回答。

「對，像剛剛提到的，若沒有妥善處理，嚴重脫水的患者可能在幾天內死亡。」我說：「另外，當大腸癌轉移，在肝臟、肺臟等處大量增生的癌細胞會干擾正常生理功能，讓患者愈來愈虛弱，遭到細菌感染的機會便大大增加。許多癌症末期患者都是死於無法控制的敗血症。」

「原來如此。聽小志醫師這樣說，感覺醫學好有意思喔！」莉芸說。

「是呀，用這樣的角度，大家會比較容易理解疾病。醫學的基礎是解剖學與生理學，認識正常的構造與生理功能後，我們可以進一步認識病理機轉，然後思考解決的辦法，反覆嘗試、調整，我們熟悉的近代醫學就是這樣發展處來的。」

殭屍？屍僵？

又聊了好一會兒，雯琪突然提議：「我們把麻雀埋起來好不好？我覺得牠躺在這裡好可憐喔！」

「好啊！」同學們紛紛表示贊同。文謙跑去拿了一個小紙箱，威豪則小心翼翼的捧起麻雀屍體。

「小志醫師，牠的翅膀好硬喔！」

「什麼？麻雀死不瞑目，變殭屍了！」文謙瞪大眼睛說。

「別胡說，這種現象叫做屍僵。動物剛死亡的時候，肌肉通常會放鬆，全身軟趴趴。過一陣子後，屍體會漸漸變得僵硬。」

「所以會像殭屍片演的那樣，全身上下都硬梆梆。」文謙將手臂向前伸，直挺挺的跳了兩下。

「其實，電影這樣演並不太正確。」我笑著說。

「哦？哪裡不正確？」

「一般而言，屍體在死亡幾個小時後完全僵硬，但是再經過數小時後，屍僵會消退，回復到軟趴趴的狀態。並非死亡愈久，屍體愈硬。」

「為什麼會這樣啊？」文謙問。

「屍僵是正常生理變化，和中邪、巫術、惡靈、怨念一點關係都沒有。」我說：「我們的肌肉需要能量才能夠收縮，肌肉細胞以三磷酸腺苷為能量來源。死亡之後，細胞缺少氧氣，無法繼續製造和補充三磷酸腺苷，當三磷酸腺苷耗盡，肌肉會變得硬梆梆。但是再經過幾個小時，屍僵便能完全退去。隨著細菌滋生，肌肉蛋白質被分解，屍體就不可能變硬了。」

「影集裡的偵探都會用屍僵程度來判斷死亡時間，這是真的嗎？」威豪問。

「的確可以用屍僵程度約略推測死亡時間，因為小型肌肉像是眼皮、臉部的肌肉會較快變硬，肢體及軀幹的的肌肉會較慢變硬，這些都能給辦案人員提供線索。不過影響屍僵的外在因素很多，好比氣溫較高的地方，屍僵較快形成，也較快消退。氣溫較低

的地方，屍僵較慢形成、較慢消退。倘若日夜溫差大，或死者曾經服用某些藥物，都可能影響判斷。」

「聽起來誤差好像會很大。」

我點點頭說：「所以在判斷死亡時間時，屍僵僅是其中一項線索。」

屍體的鑑識科學

「小志醫師，你說屍僵會消退，那在屍僵消退之後，該如何估計死亡時間呢？」

「鑑識人員能從屍體腐爛分解的程度來推測死亡時間。」

「屍體是被自然界的細菌分解掉的嗎？」莉芸問。

「有很大一部分是體內的細菌。」

「體內的細菌！」莉芸很驚訝。

「是的，我們的口腔、鼻腔、腸道、陰道裡本來就有細菌，這些都是正常菌落，身體健康時，正常菌落對人體無害甚至有益，不過在死亡之後，細菌會大量繁殖並開始分解屍體。」

我停頓了一會兒，問說：「那麼除了細菌之外，還有什麼會參與分解屍體？」

「老鼠？」威豪答。

「是的，貓、狗、老鼠、野狼等許多動物都會把死屍當做大餐，不過，倘若這些動物無法接觸到屍體時，昆蟲便扮演相當重要的角色。」

「昆蟲？」

「嗯，蒼蠅的嗅覺相當靈敏，能在很短的時間內向屍體聚集。」

「蒼蠅會吃屍體？」

「牠們用屍體來養育下一代。」我說：「雌蒼蠅喜歡在潮溼、柔軟的地方產卵，一次產下數百顆卵，等蛆孵化後會從屍體的眼睛、口腔等處開始啃食。氣候溫暖時，蛆的成長速度較快，幾天後便能長大成『成蠅』，然後繼續在屍體上產卵。其他多種昆蟲也陸續抵達，有些專門吃蛆，有些加入分解屍體的行列。」

「感覺有點噁心……」莉芸吐了吐舌頭。

「別想太多，這就是大自然運作的規律，而且鑑識人員能夠經由觀察昆蟲的種類、成熟度，來推估可能的死亡時間。」

「哇！這麼厲害，好像福爾摩斯喔！」

「應該說比福爾摩斯更厲害，因為這些學問大多是最近幾十年才發展出來的，對案件偵辦大有幫助，肯定會讓福爾摩斯非常羨慕。」我說。

「小志醫師，雖然你談的是死亡，不過還是讓我覺得生命好奇妙！」一直聽得很認真的雯琪說。

「死亡本來就是生命的一部分，甚至我們可以說，因為死亡，生命才能夠完整，傻傻的期待長生不老，壓根兒一點意義也沒有。如果生命有本使用說明書，那第一頁寫的肯定是『珍惜每一天，善用每一天！』」

作者簡介

劉育志　筆名「小志志」，是外科醫師，也是網路宅男，目前為專職作家。對於人性、心理、歷史和科學充滿好奇。

圖片來源：Shutterstock

死亡的科學

國中生物教師　謝璇瑩

主題導覽

你曾想過什麼是活著、什麼是死亡嗎？活著的生物能表現生命現象，但我們的體內是如何表現生命現象的呢？醫院裡的儀器偵測哪些生理現象來確認病人活著？我們熟知跟「活著」有關的各種生理現象，又是怎麼互相合作、維持我們的生命？這些生理知識如何讓我們認識「屍僵」和了解鑑識科學？

〈死亡的科學〉介紹了一些重要的生理現象如何運作，並說明這些生理現象一旦無法正常運作，會如何影響人體導致死亡。閱讀完文章後，你可以利用「挑戰閱讀王」了解自己對文章的理解程度；「延伸知識」中補充了神經毒素、電解質不平衡和敗血症的介紹，可以幫助你更深入認識關於生與死的科學！

關鍵字短文

〈死亡的科學〉文章中提到許多重要的字詞，試著列出幾個你認為最重要的關鍵字，並以一小段文字，將這些關鍵字全部串連起來。例如：

關鍵字：1. 神經系統　2. 心臟　3. 呼吸　4. 恆定　5. 細菌

短文：生物需要體內的各個器官共同運作，維持生理機能，才能「活著」。如果某些器官出問題，可能會影響其他器官正常運作，進而導致生物死亡。例如動物的神經系統如果受到藥物干擾，可能會影響心臟功能、呼吸運動等，接著使身體無法維持恆定，嚴重時會導致動物死亡。動物也可能因為細菌感染、生物體內恆定受到破壞而死。

關鍵字：1.＿＿＿＿　2.＿＿＿＿　3.＿＿＿＿　4.＿＿＿＿　5.＿＿＿＿

短文：＿＿＿＿＿＿＿＿＿＿＿＿＿＿＿＿＿＿＿＿＿＿＿＿＿＿＿＿＿

＿＿＿＿＿＿＿＿＿＿＿＿＿＿＿＿＿＿＿＿＿＿＿＿＿＿＿＿＿＿＿＿＿＿＿

＿＿＿＿＿＿＿＿＿＿＿＿＿＿＿＿＿＿＿＿＿＿＿＿＿＿＿＿＿＿＿＿＿＿＿

挑戰閱讀王

看完〈死亡的科學〉後，請你一起來挑戰以下題組。

答對就能得到 👍，奪得 10 個以上，閱讀王就是你！加油！

☆氨基甲酸鹽類農藥是一種神經毒素，會影響神經訊息的傳導，導致心跳變慢、肌肉痙攣、意識昏迷等。當橫膈肌的收縮受到影響，患者就會因缺氧，在幾分鐘內死亡。試著回答下列問題。

（　）1.氨基甲酸鹽類農藥直接影響下列哪個人體器官系統的作用？

　　　　（答對可得到 1 個 👍 哦！）

　　　　①神經系統　②循環系統　③肌肉骨骼系統　④消化系統

（　）2.根據上述文字，下列那項因素直接導致患者缺氧死亡？

　　　　（答對可得到 1 個 👍 哦！）

　　　　①心跳減慢　②肌肉痙攣　③意識昏迷　④橫膈肌無法收縮

☆我們體內水分不足時，身體會努力留住水分，使排尿量減少，但是人體每次呼吸都會排出少量水分，皮膚也會持續散失水分，於是我們的身體會逐漸脫水。

（　）3.當我們體內水分不足時，身體可能會有下列哪些反應？

　　　　（多選題，答對可得到 2 個 👍 哦！）

　　　　①排尿量增加　②排尿量減少　③感到口渴　④口渴感覺消失

（　）4.根據文章，下列何者不是脫水會導致的後果？（答對可得到 1 個 👍 哦！）

　　　　①電解質失衡　②意識過度清醒　③心律不整　④嗜睡。

☆我們的血液溫暖又充滿營養，對某些細菌來說是很適合的生活環境。當細菌在血液裡大量繁殖，會使血管舒張，使患者血壓降低，體內器官便會得不到足夠氧氣。

（　）5.文中提到細菌能在血液中大量繁殖的原因不包括下列何者？

　　　　（答對可得到 1 個 👍 哦！）

　　　　①生活環境合適　②溫度合適　③富含養分　④器官缺氧

（　）6.下列何者不是細菌在血液中大量繁殖後可能產生的結果？
（答對可得到 2 個👍哦！）
①血流過快　②血壓降低　③血管舒張　④器官缺氧

☆動物剛死亡時，肌肉通常會放鬆，過一陣子後屍體漸漸變得僵硬，這是因為肌肉需要能量才能收縮。肌肉細胞以三磷酸腺苷為能量來源，死亡之後細胞缺少氧氣，無法繼續和製造補充三磷酸腺苷，當三磷酸腺苷耗盡，肌肉就變得僵硬，經過一段時間後屍僵才會緩解。

（　）7.下列何者是動物剛死亡後，肌肉可能的變化？（答對可得到 1 個👍哦！）
①肌肉維持放鬆
②肌肉維持僵硬
③肌肉先放鬆後變僵硬

（　）8.根據文中敘述，肌肉僵硬的原因是下列何者？（答對可得到 1 個👍哦！）
①三磷酸腺苷過多
②肌肉缺氧無法生成所需能量
③細菌分解導致
④肌肉改用其他物質提供能量

延伸知識

1. **神經毒素**：氨基甲酸鹽類農藥是一種神經毒素。河豚毒素、神經性蛇毒（例如雨傘節蛇毒）、肉毒桿菌素都是神經毒素，會干擾神經系統的功能，使人體產生中毒的症狀。神經系統中毒可能會使感覺、運動功能喪失、影響意識，嚴重時可能影響心肺功能而造成死亡。

2. **電解質不平衡**：生物體內需要各種電解質來維持重要的生理機能，電解質如鈉離子、鉀離子和鈣離子等，會影響神經訊息的傳導、肌肉收縮、心臟跳動等各項生理運作。腎臟除了維持人體的水分恆定以外，還有一個重要的功能是維持血液中的電解質濃度平衡。過度攝取某些電解質或是電解質攝取不足、脫水或過度飲水，都會造成電解質不平衡，引起各種生理問題，甚至導致死亡。

3.**敗血症**：人體的血液在正常狀態下是無菌的，如果細菌感染，進入血液，會引起菌血症。當細菌在血液中繁殖並隨著血流擴散，引起全身性發炎，就是敗血症。敗血症的症狀包括發燒、心跳加速、呼吸急促、白血球上升等，嚴重時會使得血壓下降、組織血流不足，甚至進一步引發多重器官衰竭、導致死亡。

延伸思考

1.自然課本上說「有生命的生物可以表現出生命現象」。想一想，你同意這樣的說法嗎？查查看有沒有例外。

2.醫學臨床上將「腦死」視為死亡，你同意這樣的看法嗎？為什麼？

3.選擇一種你感興趣的神經毒素，查查看它如何影響神經系統的作用。

4.在各種刑事鑑識相關的創作中（漫畫、小說、影視作品等），經常談到利用屍僵的現象進行刑事鑑識。除了屍僵現象以外，還有哪些現象可以做為刑事鑑識的參考？選擇一個項目深入認識，並向其他人介紹它的科學原理。

器官移植的美麗與哀愁

有時會在新聞中聽見器官移植，
這是厲害的醫學技術，能帶給病人新生命，
卻也有人用來做壞事……！？

撰文／劉育志

圖片來源：Freepik

「小志醫師，我昨天看到新聞報導說，醫師替在意外事故中失去手臂的患者移植新手臂吔！」雯琪用興奮的口吻說。

「是呀，非常了不起。」我豎起大拇指。

「聽起來很酷吔。」威豪彎起自己的胳臂伸展手指。

「你們曉得移植手臂時需要連接哪些構造嗎？」我問。

「動脈、靜脈！」雯琪搶先回答。

「還有神經……」莉芸想了一想又說：「和肌肉。」

「還有個很重要的構造喔。」我看看大家，接著說：「像蓋房子需要柱子支撐一樣，得把骨頭固定起來。」

「對對對，骨頭像柱子，血管像水管，神經像電線！」文謙道。

「比喻得很好。」我說：「接續血管是非常關鍵的步驟，動脈和靜脈都必須暢通無阻，組織才能獲得氧氣和養分並送走代謝廢物。所以在手術完成後，醫護人員會密切觀察手臂的血流狀態，倘若發現靜脈阻塞或動脈不通，便要緊急處理。」

「血管接通後就能有血流，至於神經則非常不同。」我補充說明：「神經接續後，不會立刻有功能，得經過長時間復健，神經才能慢慢長到新手臂裡，負起感覺、運動的功能。」

「小志醫師，我還聽說有人做過臉部移植吔！」莉芸問。

「臉也能夠換呀！？」威豪驚訝的問。

「是的，過去大家對腎臟、肝臟、心臟、肺臟等器官移植較熟悉，如今世界各地的移植團隊已經開始進行臉部、肢體、甚至是子宮移植。」

「為什麼現在才開始發展肢體移植呢？」雯琪問。

「因為移植這件事有相當的風險，而且術後需要長期服用抗排斥藥物，這使患者較容易遭到感染，所以早期大家較常進行內臟移植，畢竟器官衰竭時，患者將迅速走向死亡，與其等死，倒不如放手一搏。至

▲希臘神話中的奇美拉：它的頭部像獅子，身體像山羊，尾巴像毒蛇，口中噴吐著火苗。

於臉部、肢體、子宮受損，較沒有立即的生命危險，因此直到移植技術、藥物發展較成熟，才漸漸有人嘗試。」

從幻想到實現

我說：「其實人類在好久好久以前就對移植充滿了想像，世界各文明裡幾乎都存在人面獸身或由多種動物組合起來的怪獸。」

「半人馬！」威豪插嘴道。

「對。在神話主宰的年代，大家期待在身體上組合新部位，可以獲得野獸的能力。」我說：「16世紀末期有醫師嘗試用移植來解決一些問題，例如替戰爭中失去鼻子的傷患裝上新鼻子。」

「裝上新鼻子！？」同學們驚呼。

「是呀，少了鼻子對外貌的影響很大，所以當時有許多用木頭或金屬製成的『假鼻子』，不過當事人肯定還是期待有個『真鼻子』，於是醫師便取別人的皮瓣來替患者做一個鼻子。醫師發現，用別人的皮瓣製作鼻子都會失敗，所以改用患者自己的皮瓣。」我說：「在缺乏麻醉、無菌技術的年代，最多只能做到這樣，完全不可能移植體內器官。到了19世紀末，外科技術突飛猛進，移植這件事才露出曙光。」

「原來移植手術的歷史才100多年呀。」文謙道。

「嗯，移植器官的第一項關鍵技術是在20世紀初由法國的卡雷爾醫師所發表，他鑽研多年並發展出各種血管吻合的技術，也因此獲得諾貝爾獎。卡雷爾醫師曾經把小狗

的腎臟移植到其他小狗身上，他發現移植的腎臟一開始能恢復運作，但經過一段時間後會失去功能。」

「因為排斥反應！」威豪道。

「是的，不過當時大家並不清楚免疫與排斥反應。歷經多次失敗之後，人們開始認為移植是不可能實現的夢想。這一等就過了50 年。」

「50 年！」莉芸倒抽一口氣。

「1954 年，美國的莫瑞醫師替一對雙胞胎兄弟進行腎臟移植。手術成功，腎臟也正常運作，讓腎臟衰竭瀕臨死亡的患者有了嶄新的生命，後來甚至和照顧他的護理人員結婚生子。」

「好感人的故事喔。」雯琪道。

「的確很感人，可是當時的人們不盡然這樣想，也有許多批評的聲音。」我說。

「怎麼會批評呢？」

「有些人認為不該讓健康的人冒生命危險接受手術，還有些人會把移植稱為『恐怖計畫』。顯然這件醫學史上的大事，對於人類認知造成很大的衝擊，倫理、法律都還沒跟上腳步。」

「莫瑞醫師沒有因此放棄，依舊持續發展

器官移植的工作流程

許多病人等待移植；有捐贈意願的人簽署同意書

TRANSPLANTATION

專科醫師安排檢查

醫事檢驗

病人和適合的捐贈者配對

DONOR

摘除捐贈者的器官

肝臟

肺臟

腎臟

心臟

移植手術

重獲新生！

移植。然而，接下來好幾年，移植團隊卻一而再、再而三的挫敗，腎臟移植的死亡率居高不下。」

「死亡率為什麼很高？」

「因為他們嘗試了許多方法，卻都無法控制排斥反應，器官移植的前景愈來愈黯淡。」我道。

說到這兒，同學們都焦急的蹙起眉頭。

「別緊張，抗排斥藥物後來終於出現了，患者開始有機會接受別人的器官。於是莫瑞醫師嘗試取下因心臟病發死亡的患者的腎臟，移植給腎臟衰竭的患者，人們後來也開始制訂關於『腦死』的法規。」我道。

「什麼是腦死？」

「在經過一連串測試，認為大腦及腦幹功能已完全停止，便稱為『腦死』，即使仍有心跳，在法律上也認定為『死亡』。因為心臟尚未停止，器官能夠得到血液供應，移植的成功率也會比較高。否則等到心臟停止跳動，血液不再流動時，很多器官都會迅速失去功能。很多人會簽署『器官捐贈卡』，便是聲明自己願意在腦死時，捐贈器官。近幾十年來已有數百萬人接受過器官移植，曾經飽受批評的莫瑞醫師也在 1990 年獲得諾貝爾獎的肯定。」

「對了，你們知道患者接受腎臟移植後，體內會有幾顆腎臟嗎？」我問。

「嗯，拿掉壞掉的腎臟，再植入健康的腎臟……」雯琪想了一想說：「二減二再加一，所以會有一顆腎臟。」威豪跟著點點頭。

「其實通常會有三顆腎臟。」我笑著說：

「我們的腎臟長在後腹腔，醫師不會去摘除，而是將移植的腎臟放在右下腹或左下腹，接好動脈及靜脈之後，再把輸尿管植入膀胱。」

「為什麼不把壞掉的腎拿掉呢？」威豪一臉疑惑。

「除非有病變，否則不需要特別去摘除衰竭的腎臟，只要植入新腎臟即可。」

「這麼說來，接受肝臟移植的患者會有兩個肝臟，接受心臟移植的患者會有兩顆心臟嘍？」威豪問。

「肝臟不一樣。想要植入肝臟必須先摘除舊肝臟，才有辦法接續肝動脈、肝靜脈、門靜脈、膽管等構造。」我道：「心臟、肺臟也是如此。」

「小志醫師，捐肝臟時，是不是可以只捐一部分？」文謙問。

移植手術後的腎臟

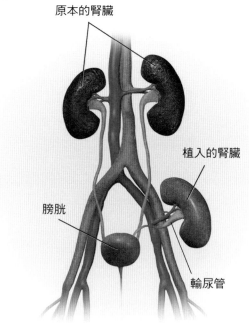

原本的腎臟

植入的腎臟

膀胱

輸尿管

圖片來源：Wikimedia Commons；繪圖：小比

「是的，這屬於活體移植。我們的肝臟體積頗大，必要時可以取下一部分肝臟移植給其他人。隨著移植技術的進步，手術可以更精準，也愈來愈可靠。」

移植的善與惡

「小志醫師，我看報導説，有人會去國外買器官呢。」莉芸道。

「嗯，移植技術成熟之後，帶來許多的美好，不過也伴隨了醜惡的一面。因為器官來源有限，等待換腎的患者又很多，於是讓器官掮客有機可趁，專門仲介患者到較貧窮的國家去買腎臟。他們可能用幾萬塊錢誘拐貧窮國家的年輕人賣腎，然後高價賣給患者，謀取暴利。」

「幾萬元買一顆腎！？」文謙瞪大眼睛。

「掮客會把手術摘取腎臟説得很簡單，甚至欺騙當地人説腎臟還會長出來。」我道：「賣腎的人健康狀態往往會大受影響，至於買腎的人預後（預估之後的病情）也經常不樂觀。換句話説就是兩敗俱傷。」

「好慘喔……」雯琪嘆口氣道。

「身為旁觀者的我們，大概都曉得不應該買器官，但是對患者而言，花錢能買到器官，實在有擋不住的吸引力，於是前仆後繼的走上這條路。目前大家希望器官捐贈能以『無償』的方式進行，避免類似『掠奪器官』的狀況。」我説。

「患者很多，器官來源很少，這個問題聽起來好像很難解決……」文謙道。

「有一個似乎可行的解決辦法。」我看看大家，「就是製造器官。」

「器官也能製造！？」威豪驚呼。

「目前有很多科學家在研究，試圖用不同的方法製造出能正常運作的器官，甚至替患者量身打造不會引發排斥的器官。」

「聽起來很不錯呢！」

「的確是很迷人的構想，不過究竟還要三年、五年，還是30年才有辦法實現？誰都沒有把握。」我攤手道。

「如果真的可以製造器官，就不會再有人被騙去賣器官了。」莉芸道。

「假使成功了，肯定能解決很多困境。」我停頓了一下説：「不過，恐怕也會帶來其他我們現階段還無法想像或解決的難題。」

「説的也是，剛剛提到的雙胞胎兄弟，光是器官移植就受到很多批評了。」莉芸道。

「當科技躍進時，常會面臨類似的困境，牽涉生命的科技更是如此。所以我們要保持開放的想法持續思辨，畢竟很多事情並不是絕對的善或絕對的惡，如何取其善、避其惡，將是人類文明的重要課題。」 ㊗

作者簡介

劉育志　筆名「小志志」，是外科醫生，也是網路宅男，目前為專職作家。對於人性、心理、歷史和科學充滿好奇。

器官移植的美麗與哀愁

國中生物教師　謝璇瑩

主題導覽

你曾經看過器官移植的相關新聞嗎？你身邊有人進行過器官移植手術嗎？你想過一開始醫師怎麼想到可以移植器官嗎？器官移植的過程會遭遇哪些困難？如何才能維持移植器官正常運作呢？什麼是排斥反應，又該如何克服？現在有哪些器官可以成功移植？

〈器官移植的美麗與哀愁〉說明了器官移植的發展、可能遭遇的問題和相關道德議題。閱讀完文章後，你可以利用「挑戰閱讀王」了解自己對文章的理解程度；「延伸知識」中補充了排斥作用、腦死，還有關於器官移植的最新研究，可以幫助你更深入認識這個領域。

關鍵字短文

〈器官移植的美麗與哀愁〉文章中提到許多重要的字詞，試著列出幾個你認為最重要的關鍵字，並以一小段文字，將這些關鍵字全部串連起來。例如：

關鍵字：1. 免疫作用　2. 排斥反應　3. 腦死　4. 活體移植　5. 器官買賣

短文：器官移植會因為人體的免疫作用產生排斥反應，所以一開始嘗試時經常失敗。即使後來同卵雙胞胎的腎臟移植成功，排斥反應還是阻礙移植的大問題。抗排斥藥物出現後，醫師試著制訂腦死的法規，讓腦死的人成為活體移植的器官來源。因為器官供不應求，器官買賣成了當前的問題，目前科學家想要以製造人工器官來解決這個困境。

關鍵字：1.＿＿＿＿＿　2.＿＿＿＿＿　3.＿＿＿＿＿　4.＿＿＿＿＿　5.＿＿＿＿＿

短文：＿＿＿＿＿＿＿＿＿＿＿＿＿＿＿＿＿＿＿＿＿＿＿＿＿＿＿＿＿＿＿＿＿＿＿＿

＿＿

＿＿

挑戰閱讀王

看完〈器官移植的美麗與哀愁〉後，請你一起來挑戰以下題組。

答對就能得到👍，奪得 10 個以上，閱讀王就是你！加油！

☆移植手臂需要連接骨頭、肌肉、神經和血管。試著回答下列問題。

（　　）1.連接下列何者是為了順利輸送血液？（答對可得到 1 個👍哦！）
　　　　　①骨頭　②肌肉　③神經　④血管

（　　）2.在手臂移植接續神經之後，神經不會立刻有功能，需要長時間復健。導致
　　　　　這個現象的原因是什麼？（答對可得到 1 個👍哦！）
　　　　　①神經重新連接後神經傳導速率變慢
　　　　　②需要等待神經生長
　　　　　③需要等待肌肉生長
　　　　　④受器功能受損需時間修復

☆早期醫師嘗試移植皮瓣，為失去鼻子的傷患製造新鼻子，但是用別人的皮瓣都會
　失敗，用患者自己的皮瓣才可能成功。也有醫師把小狗的腎臟移植到其他小狗的
　身上，移植的腎臟一開始能恢復運作，經過一段時間後便會失去功能。

（　　）3.為何使用他人的皮瓣製作鼻子都會失敗？（答對可得到 1 個👍哦！）
　　　　　①手術技術不佳　②沒有消毒　③排斥反應　④缺乏麻醉。

（　　）4.從上述文字，請你推斷下列哪種情況成功率最高？
　　　　　（答對可得到 1 個👍哦！）
　　　　　①自體皮膚移植　②兒子捐肝給父親
　　　　　③母親捐腎救兒　④姊姊捐贈腎臟給妹妹

（　　）5.直到 1954 年，醫師才成功為一對同卵雙胞胎兄弟進行腎臟移植。同卵雙
　　　　　胞胎能夠順利移植器官的主因為何？（答對可得到 1 個👍哦！）
　　　　　①同卵雙胞胎長相相似　②同卵雙胞胎基因組成相似
　　　　　③同卵雙胞胎性別相同　④同卵雙胞胎身體結構相似

☆腎臟移植不會摘除原來的腎臟，而是將移植的腎臟放在腹腔中，接好動脈和靜脈後，再將輸尿管植入膀胱。肝臟移植則必須先摘除舊肝臟，才有辦法接續肝動脈、肝靜脈、門靜脈、膽管等構造。

（　　）6.腎臟移植時，會將移植的腎臟接好動脈和靜脈。以下何者不是動脈和靜脈在此處發揮的功能？（答對可得到 2 個👍哦！）
　　　　①運送氧氣　②運送代謝廢物　③運送尿液　④運送養分

（　　）7.輸尿管連接腎臟和膀胱，下列何者最有可能是輸尿管的功能？
　　　　（答對可得到 1 個👍哦！）
　　　　①製造尿液　②運送代謝廢物　③運送養分　④輸送尿液

（　　）8.肝臟移植需要摘除舊肝臟，但是腎臟移植不需要摘除舊腎臟。最主要的原因為何？（答對可得到 2 個👍哦！）
　　　　①肝臟和血管的連接較為複雜
　　　　②摘除腎臟危險性較高
　　　　③腎臟和血管的連接較為複雜
　　　　④摘除肝臟手術較簡單

延伸知識

1.**排斥作用**：進行器官移植時，免疫系統會將移植器官視為外來的異物，攻擊移植器官。因此需要在手術前進行配對，才能減少排斥發生。器官移植手術後，患者必須長期服用抗排斥藥物、抑制免疫系統，延長植入器官的壽命。

2.**腦死**：指人的腦幹因為疾病或外傷而失去功能，使得呼吸功能停止、血壓降低、心跳停止。現今醫學科技可以替病人長期維持呼吸、心跳和血壓，但是腦幹死亡最終都會發展為心肺死亡。腦死判定的過程十分嚴格，需要由合格的醫師，經過一系列的測試之後才能宣布。

3.**人造子宮**：美國科學家在實驗室，利用人造子宮協助羊胎兒持續成長；以色列科學家將老鼠胚胎放入人造子宮，老鼠胚胎可以發育到 11 天大。目前技術還未成熟到可單獨使用人造子宮讓動物胚胎順利發育、出生，但是科學家認為，未來相關技術可以有效提高早產兒的存活率。

4.**異種移植**：將一個物種的組織或器官移植到另一個物種。科學家曾經成功將豬的心臟移植到狒狒體內，移植後狒狒存活了 195 天。異種移植困難重重，最大的問題是排斥反應。科學家可以藉由基因編輯降低狒狒的免疫排斥反應，以及提升器官的存活率，但是這項技術離實際應用還有一段距離。

延伸思考

1.有些科學家認為手臂移植是不必要的手術，因為移植需要承擔風險，但是手臂缺失不會影響生存。查查看手臂移植的好處與壞處，試著針對「手臂缺失是否要進行移植」提出自己的看法。

2.文章中提到屍體器官捐贈和活體器官捐贈，查查看器官捐贈的相關規定。你願意簽署器官捐贈同意卡嗎？你願意活體捐贈器官嗎？你認為在制訂器官捐贈的規範時，應該注意什麼？

3.為了解決移植器官供不應求的情形，科學家試著製造器官，甚至有些科學家探討異種器官移植的可能性。查查看，現在科學家在製造器官和異種器官移植有哪些研究成果，你比較看好哪種方法？為什麼？

科學少年 好書大家讀

多讀書有益健康！

數學也有實驗課？！
賴爸爸的數學實驗系列

賴爸爸的的數學實驗：
15 堂趣味幾何課
定價 360 元

賴爸爸的的數學實驗：
12 堂生活數感課
定價 350 元

看漫畫學數學
好好笑漫畫數學系列

好好笑漫畫數學：
買賣大作戰

好好笑漫畫數學：
生活數字王

定價 320 元

看漫畫學醫學
好聰明漫畫醫學系列

好聰明漫畫醫學：
原來身體這樣運作！

好聰明漫畫醫學：
生病了該怎麼辦？

定價 320 元

培養理科小孩
我的STEAM遊戲書系列

動手讀的書，從遊戲和活動中建立聰明腦，
分科設計，S、T、E、A、M 面面俱到！

有注音！

我的 STEAM 遊戲書：科學動手讀
我的 STEAM 遊戲書：科技動手讀
我的 STEAM 遊戲書：工程動手讀
我的 STEAM 遊戲書：數學動手讀
每本定價 450 元

戰勝108課綱
科學閱讀素養系列

跨科學習 × 融入課綱 × 延伸評量
完勝會考、自主學習的最佳讀本

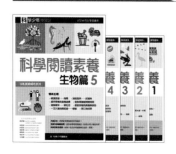
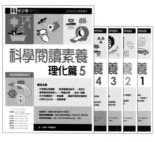
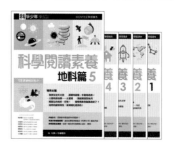

科學少年學習誌：
科學閱讀素養生物篇 1～5
科學閱讀素養理化篇 1～5
科學閱讀素養地科篇 1～5
每本定價 200 元

動手學探究
中村開己的紙機關系列
日本超人氣紙藝師
讓人看一次就終生難忘的作品

中村開己的企鵝炸彈和紙機關
中村開己的 3D 幾何紙機關
中村開己的魔法動物紙機關
中村開己的恐怖紙機關
每本定價 500 元

做實驗玩科學
一點都不無聊！系列
精緻圖解大開本，
與生活連結！

一點都不無聊！
我家就是實驗室

一點都不無聊！
帶著實驗出去玩

每本定價 800 元

化學實驗好愉快
燒杯君系列
實驗器材擬人化
化學從來不曾如此吸引人！

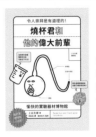

燒杯君和他的夥伴
燒杯君和他的化學實驗
燒杯君和他的偉大前輩
每本定價 330 元

學習STEM的最佳讀物
酷科學系列
文字輕鬆簡單、圖畫活潑有趣
幫助孩子奠定 STEM 基礎

酷實驗：給孩子的神奇科學實驗
酷天文：給孩子的神奇宇宙知識
酷自然：給孩子的神奇自然知識
每本定價 380 元

酷數學：給孩子的神奇數學知識
酷程式：給孩子的神奇程式知識
酷物理：給孩子的神奇物理知識
每本定價 450 元

揭開動物真面目
沼笠航系列
可愛插畫 × 科學解說 × 搞笑吐槽
讓你忍不住愛上科學的動物行為書

有怪癖的動物超棒的！圖鑑　　定價 350 元
表裡不一的動物超棒的！圖鑑　　定價 480 元
奇怪的滅絕動物超可惜！圖鑑　　定價 380 元
不可思議的昆蟲超變態！圖鑑　　定價 400 元

解答

硬漢奶爸──海馬
1.③　2.②　3.④　4.③　5.③　6.①　7.①　8.④　9.③

減碳高手──紅樹林
1.②　2.②　3.③　4.④　5.①　6.④　7.③　8.①　9.③

超乎想像的食物浪費
1.③　2.③　3.④　4.④　5.③　6.②　7.①　8.②　9.②

這些味道植物聞得到
1.④　2.②　3.③　4.③　5.②　6.①　7.②　8.①

遺臭萬年──糞化石
1.②　2.②　3.④　4.③　5.②　6.②　7.③　8.①　9.③

一刀入魂的隱武者──螳螂
1.②　2.①　3.④　4.④　5.②　6.①　7.④　8.③

死亡的科學
1.①　2.④　3.②③　4.②　5.④　6.①　7.③　8.②

器官移植的美麗與哀愁
1.④　2.②　3.③　4.①　5.②　6.③　7.④　8.①

科學少年學習誌
科學閱讀素養◆生物篇5

編者／科學少年編輯部
封面設計／趙璦
美術編輯／趙璦、沈宜蓉、可樂果兒
資深編輯／盧心潔
出版六部總編輯／陳雅茜

封面圖源／Shutterstock

發行人／王榮文
出版發行／遠流出版事業股份有限公司
地址／臺北市中山北路一段 11 號 13 樓
電話／02-2571-0297　傳真／02-2571-0197
郵撥／0189456-1
遠流博識網／www.ylib.com　電子信箱／ylib@ylib.com
ISBN／978-957-32-9245-6
2021 年 9 月 1 日初版
2022 年 6 月 16 日初版二刷
版權所有・翻印必究
定價・新臺幣 200 元

國家圖書館出版品預行編目

科學少年學習誌：科學閱讀素養,生物篇5／科
學少年編輯部編. -- 初版. -- 臺北市：遠流出版
事業股份有限公司, 2021.09
　面；21×28公分.
ISBN 978-957-32-9245-6(平裝)
1.科學 2.青少年讀物
308　　　　　　　　　　110012755